——乔琳老师的无敌驻颜术

乔 琳 著

辽宁科学技术出版社
沈 阳

目录 CONTENTS

chapter
4

chapter
5

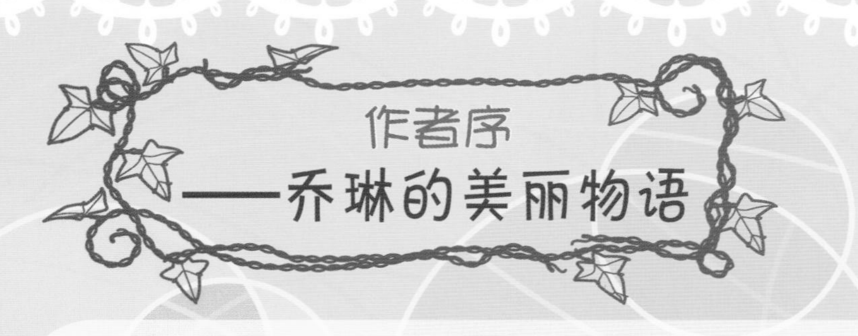

我不完美，但是我照样可以很美

前两天，看到朋友拿着一本书，叫做《学会接受不完美的自己》，当时就被这本书的名字吸引了，颇有感触呀。记得自己上中学的时候，每天都处在心情极度沮丧的状态中。不是因为学习成绩不好，也不是因为家庭出了什么问题，就是对自己的外表非常非常不满意。头发、五官、身材……从头到脚，有太多太多的不完美了，甚至手指和脚趾都那么那么难看！为什么爸妈会把我生成这样？班里80%的男生都同时喜欢着班里那一两个美女，唉！谈恋爱这东西真的是旱的旱死，涝的涝死。那时候的我一丁点儿自信都没有，所以心情也总是很糟糕。

可是多少年之后，回想起过去，觉得真是太没有必要了。走在街上，谁会在乎你的大腿到底有多粗，谁会在乎你的脚趾好不好看呢？只有你自己在乎。为了让自己的腿能够稍微细一点儿而狂吃减肥药的经历实在是太糟了。18岁的我是只丑小鸭，而35岁的我再和同龄人比起来，绝对可以算得上大美女了。其实你不用多么完美，现在单眼皮不是很时髦吗？个性美女不是也很流行吗？学会接受不完美的自己，然后努力把自己变得更美，你同样也可以很美的！

“够得到”的美丽才可能属于你

给时尚杂志写美容专栏的时候采访过一名美容外科医生。当他谈到注射玻尿酸的禁忌人群时，特别强调了：对整容手术期望值过高、不切实际者不能接受手术。哈哈，就算拿着钱送上门，人家都不接受呢！因为你太“不切实际”了！

我们通过护肤品、通过皮肤护理能获得什么样的成果？能带来多大的皮肤改善？ 总有人问我这样的问题：我的皮肤长皱纹了，我的皮肤长斑点了，我的皮肤怎么怎么了，应该怎么办？应该用什么？我们总是期望用过某种护肤品后，我们的皮肤就变好了，皱纹没了、松弛跑了、斑点消失了。

人的皮肤都会老的，时间是不可逆的。没有任何产品、任何方法可以让衰老的皮肤恢复青春，我们能做到的就是利用各种手法，通过各种产品和护理方式让皮肤尽可能衰老得慢一点儿而已。无论你付出多少努力，都不会马上看到惊天动地的变化。护肤品不是药品，即使是药品也不会像仙丹一样能返老还童。但是，这样的积累会在10年后、20年后跟同龄人相比时体现出巨大的差异，那时，你就会发现多年来的付出是多么值得。

你要清楚地知道通过保养能做到什么，不能做到什么，它是不可能改变你天生的体态和遗传的肤色的。我们通过保养，只能是维持自己的一个最佳状态而已。所以一定要在现实的情况下树立可实现的保养目标，如果目标不切实际，那么，第一，你很容易上当受骗，很容易被虚假广告所迷惑；第二，由于期望值过高而陷于一次又一次的失望之中，就很容易放弃，根本无法坚持下来。如果你问我美丽的诀窍是什么，我可以毫不犹豫地告诉你，那就是“坚持”。“没有丑女人，只有懒女人”这句话绝对是真理！

THE
BODY
SHOP
ALMOND OIL DAILY
HAND & NAIL CREAM
Essential moisture for all-day softness
ALL SKIN TYPES
HUILE D'AMANDE
DOUCE CRÈME MAINS
& ONGLES
Soin hydratant essentiel pour des
mains douces. TOUS TYPES DE PEAU

GRAND ECRAN
SOLAIRE VISAGE
incolore
BROAD SPECTRUM
FACIAL SUNSCREEN
colorless
SPF 30
UVA
Haute protection
High protection

sisley
PARIS
Avène
Masque apaisant
Avène
Cleanance
Emulsion
séborégulatrice matifiante
Non gras / Oil-free
Anti-shine regulating lotion
MAYBELLINE
youth surge night
age decelerati
anti-rides
dry combina

第一章

再懒也要坚持做的基础护理

再懒也要坚持做的基础护理

你的肌肤年龄并不等于你的真实年龄

中医在开处方之前都要先望、闻、问、切，那我们在保养之前也要先了解自己的肌肤情况和具体需求，才能对症护肤。首先要看的，就是年龄。这里说的年龄，并不是指你的实际年龄，而是肌肤年龄。肌肤年龄跟你的实际年龄是成正比的，但又不完全一样。为什么呢？因为肌肤年龄还跟你的肤质有关系。

相比干性皮肤，油性皮肤更不容易衰老。因为，肌肤分泌的天然油脂里含有丰富的维生素E，而维生素E是很好的抗氧化剂，可以防止肌肤被自由

基侵袭。同时，丰润的油脂还可以滋润肌肤，防止干纹和皱纹的生成。事实上，肌肤本身的衰老过程就是一个从油性皮肤变成干性皮肤的过程。因为随着年龄的增长，肌肤出油会越来越少，肌肤就会越来越干。所以，如果你是油性皮肤，就不要再抱怨了！就算你30岁还在出油、还在长痘，你也不应该苦恼，应该偷着乐才对！什么事都是有一利必有一弊，虽然油性皮肤经常被毛孔粗大、痘痘、粉刺困扰，但是你换回来多少青春呀！

如果你问我，22岁能不能用丰润的抗老面霜，会不会太早了？那就要看你是什么肤质了，普通人22岁用确实有点早，但如果你是“超级大干皮”，那就可以用，因为你的肌肤年龄比较大。

独特的“乔式”肌肤年龄计算法：

中性皮肤人的肌肤年龄=实际年龄
干性皮肤人的肌肤年龄=实际年龄+3岁
油性皮肤人的肌肤年龄=实际年龄-3岁

定位准了，才能护理对了

针对不同的肌肤年龄，肌肤护理的重点也会有所不同。更适合你、更有针对性的护理方案才能更有效果。注意了，下面提到的年龄不是实际年龄，而是肌肤年龄哦！

20岁的肌肤处于年轻状态，出油旺盛，容易长青春痘。此时的清洁工作尤为重要。20岁少女的肌肤并不需要太多的保养品。但是补水是一定要进行的！虽然还很年轻，但是抗衰老从现在就要开始做了，等到满脸皱纹的时候才抗衰老为时已晚。20岁的抗衰老不是针对皱纹，而是针对氧化。如果经济条件还不允许你去购买昂贵的抗氧化精华素，那就从日霜着手，一定要选择带有抗氧化功能的日霜。你也许不怕晒黑，但是你一定很怕晒老！每个人的阳光本钱都是一定的，你早早地挥霍光了，皱纹、色斑就会马上“光顾”你的脸颊。二十几岁的女孩儿总是那么活力充沛，逛街、郊游、聚会、野营，在尽情享受阳光的同时，千万别忘记时时刻刻让肌肤躲在防晒霜的安全保护下。

30岁的肌肤开始松弛，新陈代谢减慢，脸部、眼部比以前更容易水肿。如果能提升肌肤弹性、减轻脸部水肿就可以让你看上去更加精神、年轻。配合紧致的精华素，用手指轻柔按摩全脸是塑脸的最有效方法，按摩时以提拉的手法为主。我们的第一道眼纹往往出现在30岁左右。其实，第一道皱纹往往不是衰老造成的，而是干燥引起的。当然，干燥也是由于年龄的增长使肌肤变得越来越干。如果你能保持眼周高度滋润，那眼纹就不会轻易找上你。所以，这个年龄段，应该放弃清爽的眼部啫喱，改成滋润眼霜。

30岁肌肤出油量会比20岁减少很多，原来油腻腻的肌肤也变得干燥紧绷了。这时只补水，根本不会管用。肌肤的皮脂膜没有以前那么健康，锁水功能也降低了，因此，在补水之后，应该选择油分高一些的保湿产品，将水分紧紧锁住。

40岁的肌肤黯黄，没精神，并且日渐松弛。可选用一些含胜肽、胶原蛋白等成分的护肤品，这会有助于改善松弛现象。平时护肤的每一步中都渗透进按摩手法，用手指指腹轻弹全脸，给肌肤细胞增加动力。更可以辅助使用一些按摩仪器来帮助轮廓肌肉恢复紧致。**临近50岁时，雌激素的分泌量会迅速下降，大量的钙质流失。**在护理上可以选择添加了雌激素和钙质的护肤品，饮食上也要多吃豆制品，还可以适当服用蜂王浆、雪蛤等补品。但是，切记这类动物雌激素补品年轻时不要过度服用，否则会很危险，容易引发子宫和乳腺的病变！

再懒也要坚持做的基础护理

不同年龄的护理重点会有所不同，不过无论在任何年龄段、无论油性皮肤还是干性皮肤、无论长痘痘还是过敏了……总之，在任何情况下都需要做好几项基础护肤就是：清洁、保湿、防晒和抗氧化。其实，我们肌肤护理的终极目标就是“抗衰老”，并不是美白、抗痘之类的。痘痘还有痊愈的一天，而衰老却是不可逆转的！提到抗衰老，一般人就会想到抗皱霜、紧致精华什么的。其实，抗衰老和抗皱紧肤还不能够画等号。我们平时做的保湿、防晒、抗氧化都是为了抗衰老，并且是抗衰老的关键所在。

清洁，是一切的前提

卸妆

在洁面之前，先来说说卸妆。如果你是浓妆艳抹，建议使用卸妆油和专业的眼唇卸妆液。用化妆棉蘸取眼唇卸妆液，敷在眼睛上，过一会儿再轻轻擦拭，便可以有效地去除防水眼妆和假睫毛胶水，在比较难处理的睫毛根部要用棉签蘸取卸妆液仔细清理。如果是很淡的妆容，可以直接用面部卸妆液擦拭全脸。一些药妆品牌推出敏感肌肤专用卸妆液，成分主要是保湿剂等，所以非常温和，甚至能当做爽肤水来用。

清洁彩妆能力最强的产品就是卸妆油了，但是很多人对卸妆油的误解特别的深，觉得卸妆油太过油腻，会引发痘痘，不适合油性皮肤使用。就算是喜欢用卸妆油的美眉，也会特意选择质地稍微清爽些的卸妆油。其实，卸妆油不怕油腻，质地较为清爽的卸妆油反而是加入了过多的添加剂，卸妆效果会变差，对肌肤的刺激更严重。

关于卸妆油的使用效果，一直有两种说法，其中一种说法是，通过卸妆油“以油溶油”的原理，溶解并清洁毛孔里的油脂废物（角栓、粉刺），而这是洗面乳无法做到的。第二种说法是，油质的卸妆产品会让皮肤更脏，让毛孔里残留油脂，形成粉刺。其实这两种说法都不是空穴来风，都是确确实实的使用结果。有不少网友都跟我说过他们使用卸妆油后反而长粉刺的经历，也有些达人们是支持这种说法的。但是，我却没有出现这种问题，而且卸妆油在一定程度上帮我缓解了粉刺问题（虽然不能彻底去除粉刺）。

其实以上第二种说法有可能是卸妆油使用不当造成的。使用卸妆油，应该注意以下几点：

1 卸妆油一定要搭配洗面乳一起使用，只用卸妆油做清洁，是肯定不对的。要用洗面乳做二次清洁。

2 在使用洗面乳之前，要用清水彻底冲掉卸妆油。卸妆油是溶于水的，不要忽略清水的清洁，要冲到一点残留都没有的时候，再用洗面乳。很多人都容易忽略这点，觉得反正也会用洗面乳再洗，不用冲太久，差不多就行了。

3 不要带妆按摩，如果想清除粉刺，那就先把妆卸掉。再重新用干净的卸妆油在干净的脸上按摩来溶解粉刺。不要带水分，一定要保持皮肤是干燥的。可以在有粉刺的部位加强按摩力度，延长按摩的时间，打圈按摩即可。但卸妆油毕竟是清洁类产品，都含有表面活性剂等添加剂，不能按摩太长时间，否则会伤害肌肤的。

4 注意水温。除非你是超级干性肌，毛孔细得看也看不见。那就无所谓水温了，这样的皮肤也根本就不会被粉刺困扰。易生粉刺的油性、混合性肌肤，建议不要用冷水洗脸（虽然冷水洗脸能收缩毛孔、紧致肌肤）。油性肌肤在洗脸的时候配合冷水做清洁，毛孔暂时收缩会让脏东西堵在毛孔里，清洗不干净，造成粉刺、痘痘。要让水温比肌肤稍微热一点点即可，切忌过烫。只要沾在脸上感觉水不凉就OK了。如果你非常喜欢冷水护肤，那就用温水先清洗，全部洗干净之后，最后再用冷水冲一下脸。

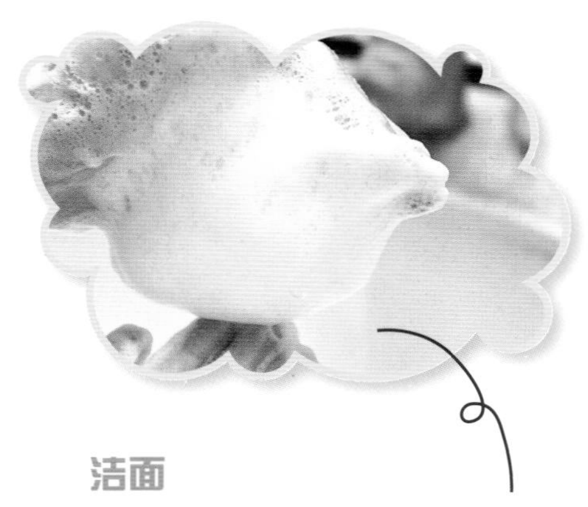

5 不要选择含有矿物油成分的卸妆油，这容易引发痘痘和粉刺。

洁面

千万不要相信清洁类的产品能给你带来巨大的功效！那些标榜美白、抗衰老、紧肤之类的清洁产品纯属噱头，能简单做到“净而不干”的就是好的洁面产品了。一般来说，油性皮肤的人喜欢用泡沫类的洁面产品，因为洗得干净；而干性皮肤的人喜欢不起泡的、温和的清洁产品，这样在洗脸后肌肤依然滋

油性皮肤的人还要注意一点，就是不要用冷水洗脸，这点在前面已经说过了，冷水容易造成油性皮肤清洁不干净，引发痘痘和粉刺。

润不紧绷。可是我觉得没有必要在洗脸后过度追求滋润感，那样就会牺牲掉清洁力。而干性皮肤其实是可以通过后续的护理来找回滋润感的哦，因为又不是洗完脸就不做任何护理了。所以，即使是干性皮肤也可以用比较温和细腻的泡沫洁面产品，而后续的护理步骤再选择滋润度高的产品就可以了。当然，干性皮肤是绝对不能使用针对油性皮肤设计的一些过于刺激的、清洁力超强的洁面产品的。

保湿并不那么简单

无论你是十几岁的小姑娘还是几十岁的老太太，肌肤的第一需求都是保湿、滋润。为什么补水保湿对我们这样重要呢？因为很多肌肤问题，比如出油、长皱纹等，都是肌肤缺水引起的。对于油性皮肤、痘痘肌来说，肌肤缺水、干燥就会促使皮肤自动分泌出更多的油脂来缓解干燥。所以，肌肤缺水也是导致肌肤过度出油的因素之一，补足水分在一定程度上能缓解出油问题。对于皱纹肌来说，肌肤的第一道细纹往往不是由岁月、年龄、衰老等问题引起的，而是皮肤干燥引起的。保持肌肤的滋润度，可以延缓第一道细纹出现，这也是为什么油性肌肤不容易长皱纹的直接原因。对于熟龄肌来说，肌肤随着年龄的增长，自身的胶原蛋白和玻尿酸（一种透明质酸，有保湿作用）渐渐流失，肌肤保水力日趋下降。所以，含水量的高低直接影响你的肌肤年龄。

我经常听到周围的朋友说："我用了最昂贵的补水精华，可是我的肌肤还是干得起皮。"这到底是为什么呢？其实这是因为很多朋友的保湿功课存在着很多的误区和问题。比如，角质过厚、补水不足、皮脂膜受损、肌肤锁水能力下降等。老旧角质堆积、角质层过厚会导致保湿成分、营养成分无法渗透进去，这也是为什么用了最昂贵的补水精华素也补不进去水分的缘故。所以，为了达到更好的补水保湿效果，你就应该进行去角质护理。但去角质一定要适度，否则会造成角质层过薄而失去对肌肤的保护能力，出现过敏、发痒、感染等现象，而且肌肤原有的保湿能力也会再次下降。使用磨砂膏这类刺激性的去角质方法，很难控制力度。最好的、轻柔的去角质方式是用你的手指。无论用按摩膏还是卸妆油，在按摩时稍微加强些力度、延长点儿时间，就能通过手指与面部的轻柔接触来去除老化角质。另外，在涂抹化妆水时，也可以借助化妆棉的轻轻擦拭来去除老旧角质。这样，补水、去角质就能一步完成。

皮肤的众多分层中，与皮肤的水润"外观"最相关的其实是皮肤最外层的角质层，健康漂亮的角质层含有15%～20%的水分。水分不足时，皮肤会显得黯沉粗糙，干纹起皮的现象将接踵而至。所以，不论何时，都要记得让角质细胞吸满水分，用适当的爽肤水湿敷或是敷保湿面膜都能帮助肌肤补充水分。很多美眉都意识到了给肌肤补水的重要性，但是有些人就觉得为了补水，每天用爽肤水泡纸膜来湿敷是非常奢侈的事情，看着几百元的爽肤水一节一节地往下走，心里真不是滋味。买补水面膜来敷脸也不经济划算。其实，我们可以自制保湿水，其效果绝对不会逊色于任何补水精华素或者是保湿补水面膜，而且更加天然，对肌肤的刺激非常小。

在天然的果蔬当中，补水效果最好的莫过于黄瓜了。它含有丰富的维生素A、维生素C等营养物质，具有保湿、美白、收敛的功效。将黄瓜切片贴于面部的方法最为常用，但这种方法无法保证每寸肌肤都能得到充分的滋养。如果你学会了自制黄瓜爽肤水，并用它来泡纸膜敷脸，补水就会更全面、效果更佳了。

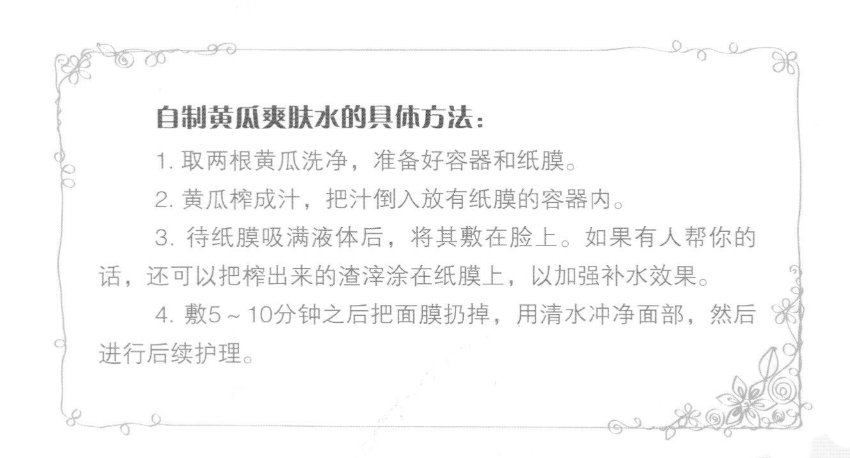

自制黄瓜爽肤水的具体方法：

1. 取两根黄瓜洗净，准备好容器和纸膜。
2. 黄瓜榨成汁，把汁倒入放有纸膜的容器内。
3. 待纸膜吸满液体后，将其敷在脸上。如果有人帮你的话，还可以把榨出来的渣滓涂在纸膜上，以加强补水效果。
4. 敷5～10分钟之后把面膜扔掉，用清水冲净面部，然后进行后续护理。

有的美眉嫌麻烦，问能不能一次多自制点黄瓜爽肤水，方便长期使用。这样是不对的，任何东西如果要长期保存都是必须添加抗菌防腐成分的，而这些成分是最刺激皮肤的。所以建议大家不要嫌麻烦，最好每次只做出一次的使用量。

记住，一定要趁着面膜未干时就将其扔掉，如果面膜干得很快，你可以把剩余的黄瓜水喷洒在纸膜上。

很多人认为，保湿补水就是要针对“水”来做文章，所以一个劲儿地期望用补水面膜、补水精华、补水啫喱等来达到效果，但又讨厌肌肤油腻的感觉，拒绝一切油质成分。事实上，只有油分才能保住水分不流失，完全排斥油分的补水保湿方案是很难真正奏效的。皮肤的保湿锁水功能主要依赖皮肤分泌出的油脂及汗水所共同组成的皮脂膜，这是一层覆在角质层上的保护膜。皮脂膜的存在除了能帮助肌肤抗菌之外，更能有效地帮助肌肤将水分“封存”在皮肤层内，让外在的干燥空气无法吸走我们皮肤的水分，所以健全的皮脂膜是肌肤保湿的一大屏障。如果皮脂膜不健全，你可以适当给肌肤补充些“油分”来修护皮脂膜。在肌肤去完角质、补充足够水分之后，就要用含有油分的面霜来锁住肌肤的水分了。如果肌肤的滋润感日渐下降，就可以考虑更换油分更大的面霜了。

一年四季都要防晒

防晒

现在美黑越来越流行了，我们可以不怕晒黑，但是我们一定都怕晒老。紫外线会造成皮肤粗糙、松弛，产生深而粗的皱纹，局部出现过度的色素沉着或毛细血管扩张，甚至可能引发皮肤癌。防晒绝对是护肤保养的重中之重，无论何时何地、何种天气，我们都要坚持防晒。

许多人都认为，防晒只是夏天或有太阳时的事情。事实上，紫外线一年四季都有，防晒也是必须做的功课。日光中的紫外线分为3种：长波紫外线（UVA）、中波紫外线（UVB）及短波紫外线（UVC）。UVB在冬天会稍微弱一点，UVA则不因季节变化而减弱。而且紫外线的波长越长，对皮肤的穿透力也就越强，即使在阴天时云层很厚，紫外线也同样存在。因为云层对紫外线来说几乎起不到任何隔离作用，90%的紫外线都能穿透云层。

紫外线无处不在，我们在任何地方都需要做好防晒，甚至在室内，UVA也可以透过玻璃直射进来。另外，需要特殊注意的地点不只是海滩上哦，还有山顶和雪地上。海拔越高紫外线也就越强，每上升1000米，紫外线就增强10%。在下雪天，积雪掩盖的道路比平常具有更强的反射力，所以空气中的UVB强度会增强。

每天上午10点至下午3点是日光中紫外线辐射最强烈的时间，在这段时间尽量避免外出晒太阳。我们每天外出还要提前30分钟涂抹防晒霜，因为防晒产品中的有效成分必须渗透至角质层后，才能发挥长时间的保护效果。

Hello

防晒不全面的问题是很普遍的，即使注重脸部防晒的人也很容易忽略眼部和唇部的防晒。而除了脸部，身体防晒就更不容易做到位了。脖子后面、肩膀、膝盖后面、脚背等处都是我们容易忽略的部位。如果在滑雪场地，由于反射性很强，下巴至脖子部位最容易晒伤，也需要照顾到。这么多地方都需要防晒，有时我们真希望跳到盛满防晒霜的浴缸里泡一下再出来，又有谁能真正做到每个细节都不会遗忘呢？其实我们可以巧妙地运用衣服、遮阳伞等物理遮盖物的防晒效果来弥补防晒不全面的问题，既简单又有效。一件普通的T恤衫胜过任何防晒霜，SPF值为15～30，可以隔离95%的紫外线，但衣服湿了之后便失去防晒的功效。就颜色而言，颜色越深，其紫外线防护性能越高，如黑色。就质地而言，在化学纤维中，涤纶＞锦纶＞人造棉、丝；在天然纤维中，亚麻＞大麻＞棉、丝。遮阳伞、防晒手套、太阳帽、太阳镜、滑雪脖套等，都是你必不可少的防晒好帮手哦。每年夏天，黑色的遮阳伞和黑色的长手套都是我的必备防晒小物。

防晒霜如要达到很好的防晒效果，涂抹的剂量和频率都是有严格要求的。防晒产品在暴晒部位涂抹数小时后，由于汗水的稀释等原因，防晒效果会渐渐减弱，所以每隔2~3小时应重新涂抹一次，以确保防晒效果的延续。而在使用的剂量上，每次至少要1~2毫升的量，才能达到最佳防晒功效。但是，再勤劳的美眉也很难随手带着防晒霜不停地擦，这不只是麻烦的问题，还会让你精心描画的妆容无法保存，而厚厚的防晒霜更会让你变成假面人。防晒霜使用量不够怎么办？我们可以用几种防晒产品的叠加使用量来弥补这个问题。在带有防晒系数的日霜之后涂抹防晒霜，然后再使用具备防晒功能的粉底液，随身携带防晒粉饼进行补妆。这些产品的防晒系数虽然不能叠加，但是涂抹的剂量和厚度是能叠加的，保证了防晒的有效性。而用防

晒粉饼补妆的同时也解决了防晒成分流失的问题，补妆加上防晒，一举两得。

油性皮肤的人夏天使用防晒霜，应该选择不会引发粉刺的清爽控油的产品。而干性皮肤的人就不要过度追求清爽感了，虽然是夏季，也要使用兼具抗衰老功能的滋润一点儿的防晒霜。敏感肌肤的人可以选用专为敏感肌肤设计的药妆品牌的全物理成分防晒霜。虽然涂在脸上油腻、泛白，但这些成分不会被皮肤吸收，皮肤负担比较小。提到这点大家要注意了，其实一款防晒霜涂在脸上完全不泛白，很快被吸收并不说明产品质量有多高，那是因为它使用了化学防晒成分，这些成分比物理防晒成分对肌肤要更加的刺激。而物理防晒成分虽然温和，不会被肌肤吸收，但是缺点就是使用感受变差了，使肌肤更加油腻、泛白。

小麦肤色的人肌肤比较强健，不会长皱纹。很有光泽，只要擅加保养，能常葆青春。这类人皮肤中黑色素作用活泼，能吸收有害的紫外线，问题比较小，不过一晒太阳就会变黑，也不能掉以轻心，若用错误保养品刺激到肌肤也会形成黑斑。白皙肤色的人本身黑色素量很少，就算晒到太阳也不会太黑，不过对紫外线相当敏感，如果肤色泛红就像轻微烫伤，且这种情况反复不断的话，会长出细纹、黑斑、雀斑，肌肤会提早老化。

晒后修复

再小心防晒还是难免有被晒伤的时候，所以，在出游、度假、运动后学会怎样进行有效的晒后修复是非常必要的。如何使晒后修复更加有效，达到最理想的效果呢？要针对不同状况来实行不同的护理方案。

针对肌肤泛红、痛痒
时间点：晒后当天

UVB让微血管扩张、引起发炎，如果轻轻一碰就刺痛，表示肌肤表皮有轻微灼伤。这时应该马上用喷雾进行降温。事先将喷雾放在冰箱内效果会更好，如果肌肤红痛的情况比较严重，也可以适度进行冰敷。为肌肤降温不仅可以抑制发炎，还能降低麦拉宁色素的活性，抑制黑色素的生成。

针对肌肤干燥、起皮
时间点：晒后3天

表皮细胞由于发炎而成批死亡，全脸开始起皮脱屑。这时补水面膜、补水凝胶啫喱就成了救命稻草，用它们可以给肌肤补充足够的水分。这种情况下，对于即将脱落的老旧角质，不能用磨砂膏来去除，因为肌肤处于受伤状态，经不起磨砂颗粒的刺激。应该巧用手指、化妆棉，通过按摩、擦拭等动作温和清除角质。

针对肌肤黯沉、细纹
时间点：晒后2周

在UVA和UVB的共同作用下，肌肤变得黯沉且布满干纹，紫外线对于胶原蛋白的损伤是非常严重的。这时，应该选择含维生素C成分的护肤品，它们兼具美白和刺激胶原蛋白增生的作用。

此外，还有些事情是我建议大家注意的：

1 肌肤晒后不能立即敷美白面膜。因为，这时的肌肤正处于发炎阶段，美白产品的刺激性成分会加重肌肤的炎症。

2 痘痘肌的晒后护理，一定要加倍小心。要以舒缓为主，常用的祛痘产品应该先停掉，等肌肤恢复正常后再使用。

3 晒伤的皮肤最好不要化妆。尤其是已经发红、刺痛的皮肤，这时正处于受伤状态，需要休养生息，而化妆品中通常添加的合成酯等成分，可能对脆弱的皮肤造成刺激。

全面抗氧化，时时刻刻为肌肤保鲜

我们在享受人类社会文明飞速发展带来的惊喜之余，也伴随着环境污染、自然气候的改变，以及无处不在的电磁辐射对我们造成的种种伤害。除了大自然的产物——紫外线的侵袭，人类自己制造出来的空气污染物、烷化剂、臭氧、辐射等也在危害着我们的肌肤，要时时刻刻为肌肤做好隔离防护，才能让我们的肌肤保鲜工程赢在起点。

电脑、电视、冰箱、手机、微波炉……我们一天到晚都离不开这些家伙，同样，电磁辐射一刻也离不开你。电磁辐射会直接侵害面部皮肤，导致皮肤缺水干痒、肤色变黄、产生细纹，皮脂腺分泌紊乱，出现干性肤质越来越干、油性肤质越来越油的恶性循环，让你提早变成黄脸婆！电子设备在开机状态下的静电作用会吸附许多空气中的粉尘和污物，使近在咫尺的皮肤处于一个肉眼无法看见的“脏兮兮”的环境中，加快皮肤的氧化和衰老进程。

紫外线、辐射、污染物会刺激皮肤，让皮肤产生大量氧化自由基，而自由基会破坏皮肤细胞组织，加速黑色素生成的氧化反应，让皮肤变得黯沉、粗糙，失去弹性，也使皮肤的抵抗力降低。选择富含抗氧化剂成分的护肤品，能够抑制自由基的产生，防止皮肤过早老化，令皮肤在面对紫外线、辐射和臭氧、烷化剂等污染物时变得安全而轻松，并在夜间给予皮肤充分的修护，修护日间肌肤受到的种种损伤。目前，有抗氧化功能的成分越来越多，产品也越来越多，从面霜、精华到隔离霜、粉底液都会加入抗氧化成分。在使用的时候需要仔细看清楚说明书，不用全部使用有抗氧化功效的产品，但是，一定要确保你的护肤步骤里至少使用一款有抗氧化功能的产品。

平时还要多吃一些抗氧化的食物，比如含有维生素C和维生素E的食物。从各种蔬菜和水果中都可以摄取到丰富的维生素C，而维生素E在各种坚果中的含量非常高。蓝紫色水果的抗氧化能力都很强，选水果可以选择深色的，如桑葚、蓝莓等。葡萄籽和葡萄皮中的抗氧化成分比葡萄肉高很多，所以吃葡萄最好连皮带籽一起食用。如果你实在吃不下去，那就吃点带籽的葡萄干也OK啦。

下面，我们来说说防晒日霜、隔离霜、防晒霜、BB霜、防晒粉底液的区别与使用顺序。

防晒日霜：带有防晒和抗氧化功能的面霜。

隔离霜：带有抗氧化、润色和防晒功能。

BB霜：带有抗氧化、防晒和遮瑕功能的全效产品，虽然全效，但是每种功能都会有所下降。防晒功能不如防晒霜，遮瑕功能不如粉底液。

防晒粉底液：带有防晒功能的粉底液。

很多网友会问我这些东西应该以什么顺序来擦，但其实你根本就没有必要都擦的。如果是日常上班，可以只用防晒日霜，也可以在防晒日霜之后擦隔离霜或者BB霜；如果是户外运动、海边度假，就在防晒日霜后面擦防晒霜；如果白天化妆的话，在防晒日霜后面直接擦防晒粉底液就够了，如果防晒粉底液之前再擦隔离霜和BB霜，就会让妆容变得非常厚重、不自然。其实隔离霜并不像它的名字一样真的能隔离彩妆、污染什么的，这只不过是化妆品公司推广的噱头罢了，它只是加入了抗氧化成分，能帮助肌肤对抗污染、辐射和紫外线。

在擦这些隔离防晒品时，要待乳液或乳霜等保养品被皮肤充分吸收之后，先在额头、下巴、鼻部和左右脸颊分别点5点，然后以拍打的方式进行涂抹，这样的涂抹方式最为有效。另外，全脸地理位置最高、最容易晒出斑点的就是鼻尖和颧骨，所以在这些重点部位应该加大用量、仔细涂抹，你可以在全脸都涂抹好之后，在鼻尖和颧骨上再涂一层，这样更加保险。

第二章

问题肌肤一一解决

第二章

问题肌肤一一解决

在出现痘痘、粉刺、敏感等问题时，肌肤护理一定不能太贪心，不要再去想什么抗皱、紧肤、美白等特殊需求。先解决问题才能做进一步的保养和护理。但是，问题肌肤也不能忽视第一章所写的那些基础护理，否则，问题可能会变得更加严重哦。

抗痘绝对是持久战

痘痘一直是我皮肤的最大问题，青春痘＋成人痘，整整纠缠了我10多年的时间。如果你也有痘痘烦恼，那在抗痘之前一定要先记住一句话："任何产品、任何方法都不能保证让你的痘痘痊愈且不再复发，抗痘绝对是持久战！"尝试过无数的抗痘产品和抗痘方法，如果现在某个产品号称用了痘痘就会马上根除，那它不是虚假广告就是硫酸做的！

想要抗痘，就要先了解痘痘的成因。引发痘痘的原因有3点，缺乏任何一个环节，痘痘都不会暴发：

1. 皮肤出油

   天生的油性皮肤或者心情抑郁、压力过大，会导致油脂分泌过剩。

2. 老旧角质混合油脂堵塞毛孔。

3. 细菌感染，引起炎症。

所以要抗痘，就要针对这3点来预防：

1. 使用控油产品控制油脂分泌，并且要保持良好的心情。

2. 使用去角质产品，降低毛孔堵塞的几率。任何去角质的产品都会对治疗痘痘有所帮助，包括祛痘产品、焕肤类精华素、深层清洁面膜、磨砂膏、去角质凝胶等（但是由于痘痘会造成皮肤表面破损，像磨砂膏、去角质凝胶等强效去角质产品最好不要在暴发痘痘的时期内使用，在皮肤正常的情况下才能使用这些产品）。

3. 用抗菌产品预防皮肤发炎。

下面给大家分享一下我的抗痘程序：

全脸护理：

1. 用卸妆油按摩皮肤，清洁毛孔内油脂，预防毛孔堵塞。还可挤出卸妆油后滴入一滴茶树精油和一滴薰衣草精油，混合均匀再按摩（茶树精油有杀菌作用，薰衣草精油可调节油脂分泌，舒缓心情）。

2. 冲掉卸妆油，再用洁面膏洁面之后使用专门针对痘痘的爽肤水，这类爽肤水基本都会具有控制油脂分泌和抑菌的双重作用。

3. 使用有去角质功能的精华素。含水杨

酸的祛痘精华、焕肤类的精华和美白精华都有去除角质的功效。

4 精华素之后使用保湿度高且较轻薄的乳液或者面霜，皮肤水分不足会导致其分泌更多的油脂，所以补水保湿一定要做好。

5 面霜之后，涂抹一层维生素A酸乳膏，这个药膏对于治疗痘痘粉刺有非常好的效果，它也是同时具有抗菌和去角质加速皮肤更新的功效。注意：如果用这个药膏，前面就不要再用精华了，只用保湿面霜即可。

维生素A酸乳膏使用纠错

维生素A酸乳膏，我们在使用之前，仔细查看产品说明书时就能看到说明书上详细列出的副作用。维生素A酸乳膏是比较刺激的，主要副作用在于过度去角质有可能引发皮肤过敏，以及怀孕期间使用有可能导致胎儿畸形。说是这么说，只是有可能，如果100%引发过敏和导致胎儿畸形，那这药就不会允许在药店销售了。

我本身是油性敏感肌肤，用很多产品都会导致过敏，例如美白类的产品，几乎都不能用。不过我曾经使用维生素A酸乳膏将近一年时间，基本没有啥过敏反应。很多网友和朋友跟我交流，对于使用维生素A酸乳膏后的不良反应基本有两点：

1. 皮肤过度干燥起皮。
2. 痘痘好了之后留下比较深的痘印。

起皮说明两点：

1. 你的面霜保湿度不够，或者你根本就没有使用面霜，只用了药膏。
2. 药膏浓度太高，涂抹剂量太大，过度去角质了。

而我并没有出现上述两种现象，跟网友们具体了解使用细节之后，我发现网友们的使用方法多多少少存在些问题，今天在这里给大家纠正一下，也分享一下我的使用建议：

1 为降低维生素A酸乳膏的刺激性，我不会在洁面后直接使用，而是先涂抹保湿补水面霜，在面霜之后全脸薄薄地涂抹一层维生素A酸乳膏，切记不要涂抹过厚，薄薄一层即可。面霜一定要选择单纯补水保湿类的，这样比较安全。不要再选择功效性强的面霜，比如美白面霜、抗衰老面霜。

2 维生素A酸乳膏不能白天使用，只能夜晚使用。因为日光会加重维生素A酸对皮肤的刺激导致其分解。维生素A类成分还是经典的抗皱成分，不只是维生素A酸乳膏，一切含有维生素A类成分（如维生素A醛、维生素A醇）的抗衰老护肤品几乎都不能在白天使用，而且在使用期间白天还要注意加强防晒。

3 别买错规格。以前我去药店买，不用说规格，就只有一种0.025%浓度的。我一直以为就那一种，后来有一次换了家药店买，买了不同颜色包装的，开始以为是换包装了，等到回家用了两天才发现，是不同规格的，浓度超高。那几天我的下巴就起皮了。切记要买浓度0.025%的，不要浓度过高。

4 关于痘印变深的问题。 跟我反映留下很深痘印的朋友几乎都是在痘痘上反复涂抹，加大了用量。其实我不推荐用维生素A酸乳膏做痘痘的局部治疗。如果你只是偶尔冒几个痘痘，且痘痘不是一大片，没必要全脸治疗或预防的话，你就别用维生素A酸乳膏了，可以买茶树祛痘凝胶等产品，局部涂抹在痘痘上。维生素A酸乳膏局部加厚涂抹是比较刺激的，效果也不怎么好。如果你是满脸地、不断地长痘痘，就可以用维生素A酸乳膏全脸涂抹来治疗、预防。也不用在有痘痘的地方加大用量。

5 坚持。任何抗痘方法都不能保证可以完全治好你的痘痘，且不再复发。我不能保证维生素A乳膏酸对你有效，但它确实是我使用过的所有祛痘方法中，最先希望推荐给你的。我们可以尝试，如果没有效果，或者使用后出现任何异常就应该停止，换其他方法再去尝试。但这个尝试的周期不是短短几天就可以了。有的网友跟我说："我用维生素A酸乳膏1周了，不管用，我已经停了。"在这么短的时间内，你是无法看到效果的。应该至少坚持使用2~3个月，如果确实没有任何效果，你可以放弃这种方法了。

关于痘痘的局部护理：

1 对于正在暴发的痘痘。

对于刚刚隆起的痘痘，可以点上厚厚的抗痘护理啫喱、祛痘凝胶之类的产品。

对于将要露头的痘痘，可以用痘痘针刺破，把脓液挤出（注意针头消毒）。

对于已经“熟透”但挤不出来脓液的痘痘，用耐适康痘痘贴，贴紧。几个小时之后贴布会从透明变成白色，这就说明痘痘的脓液被吸出来了。

2 对于已痊愈的痘痘，进行去痘印治疗。

确保痘痘完全好了之后，才能进行去痘印治疗，也就是说用手指按压痘痘部位，没有任何疼痛感，表皮也没有破口的情况下，在痘印上点上厚厚的美白精华素，痘印基本会在1个月左右的时间慢慢地淡化掉。不过这种方法仅限于痘印，痘疤就不管用了。痘痘留下的黑色或者红色的印记，皮肤表面是平的，这种属于痘印范畴；而皮肤表面留下坑洞的就属于痘疤范畴了。

最后总结一下，抗痘是持久战，所以一定要放平心态，即使痘痘久治不愈也不要成天郁闷得要死，因为那样只能起到副作用，心情压抑会导致肌肤分泌更多的油脂。除了面部护理之外，平时还要注意保持良好的心情，不要让自己过度劳累，多吃健康清淡的饮食，适当运动，运动可以减压，还可以通过出汗排出毛孔中的污物，这些生活中的点点滴滴都对治疗痘痘有所帮助，如果都做不到，只靠护肤想治好痘痘，希望不大。

黑头粉刺需要处理吗

很多人被黑头粉刺、白头粉刺困扰，我也不例外。

对付黑头粉刺，我的处理方法有3种：

1. 直接用手挤，这是最简单有效的方法。挤完感觉非常的痛快。我经常喜欢挤黑头，呵呵。就是管不住自己的手，每次挤完鼻子都很受伤，而且接下来的几天鼻子就会脱一层皮。

2. 先把黑头导出液挤在化妆棉片上，敷在鼻子上3分钟，然后贴上鼻贴，就能拔出很多黑头，这样比单独用鼻贴的效果好很多倍。不过这种方法比较刺激，弄完之后鼻子也很受伤，跟挤黑头差不多了。

3. 用卸妆油按摩，可以溶解掉一些黑头。但效果不会像挤掉黑头之后看上去那么明显。

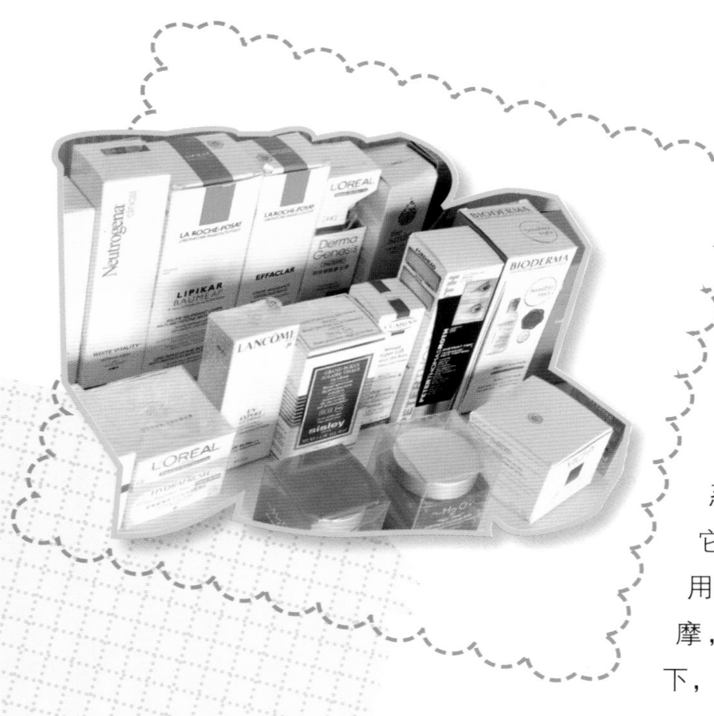

但是，无论你用何种方法，都是治标不治本，黑头挤掉，几天就又长出来。挤的过分强烈还会造成鼻子脱皮，甚至肌肤受伤、毛孔变形，最后形成疤痕。我觉得如果你能忍受黑头，就不要处理它了。处理了也没什么用。顶多用卸妆油按摩按摩，在一定程度上缓解一下，这样比较妥当。

大多数的人都为黑头粉刺而烦恼，但是白头粉刺比黑头粉刺更加难处理，因为不同于黑头粉刺，白头粉刺是闭合性粉刺。不开口，比黑头粉刺要难挤得多，挤不好很容易留下疤痕。而不清理出来，它永远会在皮下待着，使皮肤触摸上去非常的粗糙。白头粉刺多发于下巴和两颊，看起来是一颗颗小白粒粒，有一些微微突起，没有开口，是油脂和皮肤脱落的角质等堵塞了毛囊。如果白头粉刺遭到细菌侵袭而感染，就变成青春痘了。所以，去除白头粉刺还可以把青春痘扼杀在摇篮里。

我是近几年才开始长白头粉刺的。可能是因为随着年龄的增长，自身的新陈代谢减慢了，可皮肤分泌油脂的量却没有减少。所以老旧角质与油脂混合在一起形成了角质栓。用卸妆油按摩配合黏土类的清洁面膜可以缓解白头粉刺，两个产品一起使用，正好还可以预防卸妆油残留及清洗不净的问题。冲掉面膜之后擦上含有维生素A类成分的乳液或者面霜会对白头粉刺有些许的治疗作用。

另外，跟卸妆油差不多功效的还有含酵素成分的产品，比如含酵素的洁颜粉、爽肤水、面膜等。日系产品中酵素成分运用得比较多。酵素也可以溶解老旧角质和毛孔中的油脂污垢，对粉刺和痘痘都有一定的帮助。

肌肤为什么会过敏？其实就是两方面的原因，内在和外在。内在是指你的肌肤本身抵抗力低下，皮脂膜受损，对外界环境刺激反应很强烈，或者是天生的过敏体质。外在是指外界环境对肌肤的刺激，比如空气中的污染物、粉尘、刺激的护肤成分等，或者是特定食品造成的肌肤过敏而引发的炎症反应。

拒绝村姑脸——敏感肌肤的护理要点

如何确定自己是敏感肌肤？

1. 经常局部瘙痒、泛红。

2. 使用美白、去角质、抗衰老的强效护肤品时，会有痛痒感、不适感，甚至会起小水泡。

3. 情绪激动或者空气冷热变化（比如到寒冷的室外，或者冬天进入非常热的空调房）面部会发红发烫。

4. 皮肤表皮层很薄，有红血丝。

以上选项，只要占一条，你就属于敏感类肌肤！！！

针对肌肤敏感，预防永远胜于治疗

你的肌肤此时没有过敏，不代表你的肌肤就不是敏感肌肤，也不代表你的敏感肌肤已经被治疗好了！敏感肌肤会永远伴随着你，不可能根治，只能是随时小心加强防范，才能让肌肤远离过敏症状的困扰。而且健康的肌肤也有可能随着年龄的增长抵抗力变差，慢慢变成敏感肌肤的。

外在，避免刺激：

1 远离过敏原、远离刺激

不饮酒、不吸烟，少食海鲜、麻辣食品、刺激食品等。

远离动物毛发，少佩戴金属类饰品，如耳环、项链等。

尽量避免接触花粉，在柳絮飞扬的时节和沙尘天气尽量少出屋，出门围上纱巾。

避免过冷和过热的气温环境，冬天出门尽量戴口罩。大墨镜和口罩是我的秋冬必备随身小物！不要觉得丢人或难看，咱不是娇气，谁让咱

天生就敏感呢。而且这种打扮还颇具明星范儿吧。

避免情绪激动，不要跟人吵架。不要生气也不要紧张，放松心情。

随身衣物要冲洗干净，残余在衣物毛巾中的清洗剂可能会刺激皮肤。

护肤品使用原则是，越简单越好！因为每增加一种护肤成分，肌肤过敏、发炎的几率就增加了一成。

应尽量避免使用含有果酸、酒精、香料、色素等刺激性成分的保养品。

使用新产品之前应该先擦在手腕内侧和耳后进行敏感测试。

美白类的产品是大忌，一定要避免！

防晒霜不能省略，阳光对敏感肌肤有害无益。可以选择专门针对敏感肌肤的药妆品牌的防晒霜。夏天出门打遮阳伞或者戴遮阳帽。

少化妆，尽量不化妆！

2 让肌肤永远保持滋润状态

减少清洁的次数，减少接触洗面奶、洗发水、洁洁灵等碱性物质的次数。选择清洁类产品时，一定要避免清洁效果太强的产品。清洁力越强越容易破坏肌肤天然的皮脂膜，使得肌肤的抵抗力更加弱。磨砂膏等强力去角质产品是绝对不能碰的。

敏感多半发生在干燥、脆弱的肌肤之上，所以给肌肤足够的滋润，重建肌肤保湿屏障，敏感问题就解决了八成。而什么成分才能真正起到滋润肌肤、保护水分不流失的作用呢？那就是“油分”，没有油分，水分是无法保留住的，即使补进去也会挥发掉。油分独有的医疗特性可以有效地为干燥肌肤提供最为丰富的滋润修护，舒缓敏感肌肤。所以敏感肌肤不要过度追求肌肤的清爽度，应该选择油分大的面霜。

如果生活在西北地区，超低的温度和凛冽的寒风很容易让你变成村姑脸（红扑扑、粗糙干裂的脸颊），这时你最需要的就是纯油质地的产品，哪怕用凡士林涂满全脸，也会起到很好的保护作用。南方人到北方出差或者是旅游时，一定要记得带上油脂类的护肤品。

内在，提高抵抗力、增加耐受性：

1 运动

运动可以促进血液循环和新陈代谢，提升抵抗力，因此皮肤对外界过敏原的耐受性也会随之增强。这对敏感炎症的恢复和愈合也会有很大帮助。

2 饮食

在饮食上，要多食新鲜的水果、蔬菜，饮食要均衡。有一种说法就是：你吃得越杂，过敏的几率就越小。另外，类似于辣椒、酒、浓茶、咖啡等刺激食物，会使瘙痒加重，容易使湿疹加重或复发，都应禁忌。

3 睡眠

睡眠与身体和皮肤的健康程度息息相关，经常熬夜的人抵抗力下降，很容易得病，皮肤也会变得很脆弱。

NBG 00555-11RK9 26

StriVectin-SD™

(5% Striadril™ Complex)

Intensive Concentrate For Existing Stretch Marks

Ultra Concentrated Stretch Mark Formula

GRAND ECRAN SOLAIRE VISAGE

incolore

BROAD SPECTRUM FACIAL SUNSCREEN

colorless

SPF 30

UVA

Haute protection

High protection

Avène

Eluage

Crème riche

SOLUTION MICELLAIRE

第三章

我的美丽我做主

第三章

我的美丽我做主

肌肤，我要紧！紧！紧！

对于我来说最可怕的不是皱纹而是松弛！眼下的细纹我还能接受，而日益加深的法令纹和变大的双下巴，简直会让我崩溃的！这比皱纹更让人显得苍老。想要拥有紧致小脸，除了靠紧致精华、瘦脸产品外，最主要的还是要配合按摩手法。我们的双手其实是最廉价、最贴心、最有效的美容工具。

首先，我还要纠正一个观念：瘦脸仅限于收紧肌肉和去除水肿，如果你天生骨骼比较大，脸上肉比较多，这种情况想改善，靠护肤手法和护肤品没有任何作用，除非是去整形——磨骨手术，或者微整形——打肉毒杆菌！

面部按摩

面部按摩可以加速面部血液循环，帮助多余水分排出，还可以预防脸部肌肉的松弛，保持肌肉弹性。做面部按摩未必非得去购买专门的按摩霜，其实在护肤的每个步骤（洗脸，涂抹精华、乳液、面霜）都可以加入按摩的手法。

按摩的具体手法也不像你想象得那么难、那么深奥，不是只有去美容院才能享受专业的按摩手法，只要你掌握以下几个原则，自己在家按摩的效果也绝对不会逊色。

面部按摩的几个原则：

方向

按摩的方向一定要从里至外，从下至上。在这个向上、向外的90° 的区域里，哪个角度都是可以的。

力度

轻揉重按，意思是水平方向在肌肤表面揉搓的时候要轻，而垂直按压肌肤的时候力度可以稍微重一些。水平按摩的力度一定要轻柔，以不牵扯肌肤为准。也就是说，在你按摩的过程中，五官是不能挪位的，要照着镜子时刻观察，如果五官有轻微变化，那就要再减轻些力度。手指在皮肤表面轻轻滑动，当精华、乳液、面霜变干了被吸收了，阻力就会变大，这时候就应该停止按摩了，如果还想继续按摩，就要再挤上点儿产品了。

手法

最常用的几种手法就是：打圈、提拉、点按、轻弹这4种手法，掌握了这4种按摩手法基本就够用了。

为了更好地消除水肿现象，我们可以针对淋巴系统进行重点按摩，去除脸部、下巴的水肿。可以重点按摩3个部位：脖子两侧、锁骨上下、腋下。在按摩时可以加些按摩油或者乳液作为润滑剂，以减少阻力。

第一步：用大拇指扣住下巴，两手从中央分别滑向两边的耳朵（反复5~10次）

第二步：大拇指从耳朵后面顺着脖子滑向肩膀（反复5~10次）

第三步：用拇指从锁骨中央滑向两边，再至腋下（反复5~10次）

面部塑形操

想要减肥，塑形运动永远比美体按摩更有效，一个是内在的、自身的，一个是靠外力。面部塑形也是一样，面部塑形操也比靠外力按摩更管用。

第一步：张开嘴，默念“啊”，保持5秒钟。

第二步：默念字母“E”，嘴唇微微张开，嘴角上扬。注意表情不要过大，以不出现法令纹为准，保持5秒钟。第一步和第二步交替做5~10次，这样可以防止两颊的肌肉松弛下垂，预防法令纹。

第三步：抬头，然后吐舌头，这样可以收紧下巴的赘肉。每次保持5秒钟，反复做5~10次。

除此之外，定期运动也能帮助你紧致肌肤。每次运动最好能让自己出汗，因为出汗能减轻水肿现象，加快新陈代谢与血液循环。除了运动，常泡澡也能达到出汗的目的。

对毛孔的误解到底有多深

即使冬季也有很多人因为毛孔问题而烦恼。大部分人认为只属于夏日肌肤烦恼的毛孔问题其实到冬季也不会离你而去的。毛孔并不像你想象得那么简单，我们对于毛孔的误解实在太多了！

误解一

毛孔扩大、变得明显完全是因为皮肤出油引起的！

毛孔扩大基本有两种原因，一种是皮肤过度出油，毛孔堵塞变大；另一种是肌肤衰老松弛，毛孔变形之后就会看上去非常的明显。

如果是松弛型毛孔问题，那无论春夏秋冬都不会离你而去的，反而冬天肌肤更加干燥，毛孔也会越发明显。所以，如果是冬季或者干性皮肤的毛孔问题，就要从加强肌肤弹性和抗衰老着手了。

在毛孔粗大部位可以局部涂抹控油产品，但是要注意，控油产品未必需要全脸涂抹，混合型肌肤的人其实比全脸出油的人多很多，控油产品擦在脸颊上很容易引起肌肤过度干燥瘙痒的，如果在冬天就更要避免了。

鼻子两边的肌肤是最容易松弛出现老化毛孔的，针对这个部位要用抗衰老的紧致精华以提拉的手法涂抹，之后再用手指指腹轻弹此部位，给肌肤增加动力，防止肌肤松弛。

针对年轻油性肌肤的毛孔问题，则应该以清洁和控油为主，平时适当做做黏土类的清洁面膜。

在面膜之前还可以用卸妆油按摩毛孔粗大易生粉刺的部位。含有酵素成分的洁颜粉末也有溶解毛孔内油脂和角质的作用。

误解二

控油可以让毛孔变得不明显

控油只能让毛孔短时间内分泌油脂减少，而不能改善毛孔的外观。肌肤只有充满水分和胶原蛋白，变得饱满丰润之后，之前的毛孔才能从视觉上变得不明显了。补水面膜和补水啫喱是针对毛孔问题的必备品。补充胶原蛋白也是非常必要的，除了外用，同时也需要内服，日常有时间就多给自己煲汤喝，不要嫌麻烦，猪脚黄豆汤是最佳选择。

误解三

用收毛孔的精华可以让已经扩大的毛孔再次变小

“毛孔能够通过护肤品再次变小”，这绝对是个美好的幻想，毛孔一旦扩张就再也没有办法缩回去了。市面上卖的一些号称能收毛孔的精华其实都是治标不治本罢了。只能是让毛孔从视觉上变得不明显，好像是缩小了，同时具有控油效果，让局部的肌肤更加光滑细腻。这类产品不是不能用，而是不要期望值过高罢了。其实当做介于护肤品与化妆品之间的伪装产品也是不错的，在上妆前使用，可以防止局部花妆，有一定的修饰和定妆效果。

补水喷雾真的能补水吗

出门包里必备喷雾、办公室桌头必放喷雾的人很多很多，貌似很注重护肤，但是采访一下这群人，80%以上还是会觉得肌肤很干。“越喷越干”这个说法我想大家应该都听说过，公认的解决方案是喷完用纸巾按干。我却不太赞同这种方法。下面说说我的使用建议：

1 单独使用喷雾补水，绝对是越喷越干。在坐飞机时也是，就算空气超级干燥，喷的瞬间会感觉无比舒适。但喷完过后，绝对是更加紧绷了，还不如不喷。

2 喷完补水喷雾用面纸按干，面纸会把面霜和脸上原有的油脂也擦掉一些，这样反而让脸觉得更加干燥，油性肌肤可能感觉不明显，但干性皮肤绝对会感觉滋润度反而下降了。

3 如果是油性肌肤，怕白天肌肤水分不足，护肤品里的透明质酸成分倒吸肌肤水分的话，可以用加湿器代替喷雾。改善周围空气的湿度，可以让肌肤上的透明质酸成分自己吸足水分。

4 如果是干性肌肤，在午休时间想给肌肤充电的话。建议先用柔软的面纸轻柔地擦去面部尘埃，洗干净双手。用喷雾轻喷全脸，再用手指轻轻拍干。然后趁着水分没有完全干透再涂抹上一层保湿精华或者凝露，锁住水分（干性肌肤的美眉随身带上一瓶保湿精华或者凝露是不错的选择）。这样午休肌肤充电就完成了。

5 如果是敏感肌肤可选用温泉水喷雾，一般肌肤用矿泉水喷雾也可以。当然温泉水的效果要更加出色，价格也会高些。矿泉水和温泉水可不是一回事儿。温泉水有抗刺激、舒缓肌肤、防止过敏的作用；而矿泉水只是含有天然矿物质，成分精纯，对肌肤有益罢了。

6 补水喷雾还可以在肌肤每道护理的间隔时间用，为肌肤保持水润度。我们每次洗脸之后，都说要趁着皮肤微湿进行后续护理，但实际情况往往不允许。当你洗完澡，擦干全身穿上衣服出来之后，脸早就干透了。所以，这时可以使用喷雾，让肌肤恢复水润度，再进行后续护理。

在用按摩手法涂抹完精华素之后，还没来得及涂抹面霜，肌肤又干了。这时也可以稍微喷一点儿喷雾，然后再涂面霜。这样肌肤的水润度更高。但切记，不要喷太多。喷太多就跟洗脸一样了，精华素都被冲掉了。

美白产品不会让你变得更白

美白，这个东方人千古不变的美肤话题，到现在还是那么流行，即使“美黑”已经开始崭露头角了，可是多少90后的小朋友们还是在不停地问我：“怎么才能变白呀？”老妈为了自己的黑皮肤自卑了一辈子，又为生了个白闺女自豪了一辈子，汗！我压根就没觉得黑有什么难看，白有什么好看的。也许你会说我站着说话不腰疼，不过这真的是我的真实想法呀。皮肤完美的几个标准，我觉得应该是：紧致、光滑细腻、无皱纹、无痘痘、无粉刺、健康无过敏现象、丰盈饱满、水润。如果这

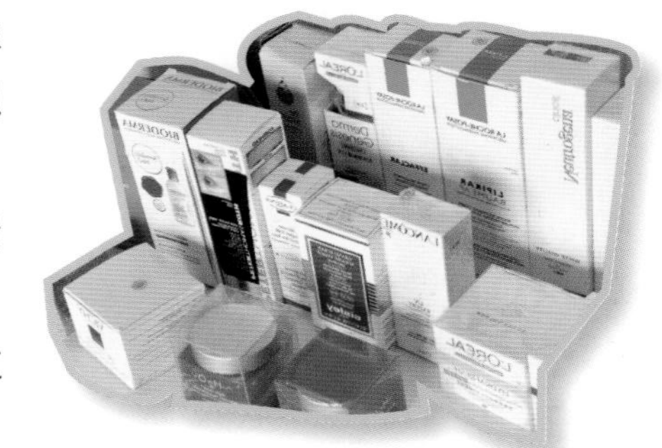

那美白产品是彻底没用了吗？是不能用了吗？当然不是！美白产品虽然不能让你变得更白，但是它可以：

1. 温和去除老旧角质。
2. 均匀肤色，让肌肤更加透亮，改善肌肤晦暗的问题。
3. 可以淡化痘印。
4. 不能去除已经生成的斑点，但是可以控制斑点不让它进一步加深。
5. 预防新斑点的生成。

些标准你都达到了，你的肌肤已经非常完美了，肌肤颜色和是否有几个斑点并不是什么问题。当然，如果我真的无法改变你的审美，那我至少要告诉你一个真相，那就是：天生的肤色靠护肤品是无法改变的！美白产品不会让你变得更白！

美白类产品中，效果最为突出的是美白精华和美白面膜。美白产品没有太大必要去购买全套的，什么美白洁面、美白爽肤水甚至是美白粉饼什么的，效果非常有限，你只需购买最强效的美白精华即可，然后配合其他你自己的爽肤水和面霜，配合美白精华使用的面霜和爽肤水最好是以保湿为主，不要选择成分和功效太过复杂的。

让肌肤焕然一新是好事还是坏事

去角质是必须做的事情，但也是个很危险的事情。这就像是双刃剑哦：角质过厚，肌肤会变得粗糙，无法吸收护肤品中的养分，干性肌肤会变得更干，油性皮肤会容易长痘痘和粉刺；角质过薄，肌肤就会容易过敏，产生炎症，并且更容易晒黑、晒伤、晒老。

油性皮肤：1周2次左右
干性皮肤：1周1次左右
敏感皮肤：2周1次左右

角质是一定要去的，即使是敏感肌肤也应该适当去角质，只是我们要尽量选择温和的去角质方式，而且去角质的频率不要过高。

其实并不是使用磨砂膏或者去角质凝胶才叫做真正的去角质，我们日常做皮肤护理时，很多产品、很多护肤方法都兼具了去角质的功效，有可能你一不小心每天都在不断地去角质，你自己还不知道呢，这样就非常危险了。除了专门为去角质设计的磨砂膏、去角质凝胶等，还能够起到去角质作用的有：

1 焕肤类产品，如果酸。

2 美白类产品。

3 抗痘类产品，如水杨酸、维生素A酸。

4 含有酵素成分的护肤品，如含本酵素的洁颜粉、爽肤水、精华素、面霜、面膜等。

5 深层清洁类的黏土面膜。

6 用化妆棉蘸取爽肤水、卸妆水擦拭肌肤，化妆棉与肌肤产生摩擦能去除角质。

7 按摩肌肤，手指与肌肤产生摩擦也能去除角质。

上面这7种去角质的产品或方法都比使用磨砂膏要轻柔、温和得多。平时可以选择这样的去角质方式，不过，这几种可别一起上，那可就过度去角质了哦。

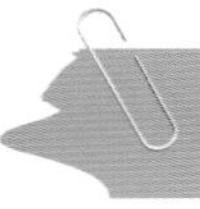

擦多少润唇膏都不如动动手指

我是一年四季都离不开润唇膏的，像我一样出门连钱包都可以不带，但是润唇膏必须带上的人估计不在少数。嘴唇总是干得脱皮，润唇膏擦完一会儿就不管用了。其实就是因为嘴唇上堆积了死皮，所以润唇膏擦上根本不起什么作用，根本润不进去。死皮开裂翘起来，你就会觉得嘴唇干得要死，情不自禁地用手去撕死皮，结果八成是把嘴唇撕破了、流血了，就这样恶性循环。

你要知道想要嘴唇滋润的关键不是擦润唇膏，而是在擦润唇膏之前去除厚厚的死皮。彻底有效又温和不会弄破嘴唇的去角质方式并不是使用专门的唇部去角质产品，而是用你的手指！这比我用过的任何产品都更加好使。能用手指温和去除角质，但不会撕破流血的关键就是让唇部充分浸湿，等死皮都变软了之后再用手指轻柔地搓嘴唇，厚厚的死皮就会很容易地搓下来了。我觉得自己的嘴唇为什么比别人都容易干的原因就是，我嘴唇上的死皮生成的速度太快了，一天不去角质，嘴唇就会又变成撒哈拉了。所以想让嘴唇每天都保持滋润状态的关键就是坚持每天都去角质。而每天最适合给嘴唇去角质的时机就是每次洗脸之后，嘴唇最大程度地被浸润，擦干脸之后的第一件事就是用手指轻轻搓嘴唇上的死皮，让它脱落。记得嘴唇不要擦干，让它微湿，这样更好搓。如果你稍微晚一会儿再搓的话，嘴唇一下子就变干了，就很难搓掉死皮了。每次洗澡的时候，也别忘了，在快洗完的时候，用手指搓搓嘴唇。

如果你能每天及时去掉嘴唇上堆积的死皮，然后再积极地涂抹上润唇膏，你的嘴唇肯定会变得比以前滋润很多，每天消耗润唇膏的量也会变小的。还有别忘记白天最好选择有防晒功能的润唇膏，能更好地保护唇部。只要选择含有维生素E成分的产品就能在一定程度上抵御紫外线和自由基。

眼部护理全靠手法

每个人的眼部问题都不太一样，眼部护理要根据自己的具体问题选择相应的产品，如果用错产品，眼部问题很有可能还会加重。选对产品再加上适当的护理手法才能事半功倍。

先说说让人非常挠头的黑眼圈问题。黑眼圈也分好几种，有青色、黑色、褐色的黑眼圈。如果你的黑眼圈是青色的，这是由于血液循环不畅和眼部皮肤过薄造成的。这类黑眼圈多半是先天的原因，一般有鼻子过敏症的人都会有青色黑眼圈。针对青色黑眼圈应该加强眼部按摩来促进血液循环。平时注意不要吃太多冷食，改善寒性体质对这种黑眼圈也有帮助。如果你的黑眼圈是黑色的，这属于老化问题，胶原蛋白流失，下眼睑变薄、松弛下垂形成阴影，看上去就像是黑眼圈。这类黑眼圈可以使用含有维生素A的眼部产品，以刺激胶原蛋白增生。最后一种就是褐色黑眼圈，这种属于色素沉着的范畴，应该选择有美白功能的眼霜。

针对眼部水肿和眼袋问题，应该选择专为水肿和眼袋设计的啫喱质地的眼霜，切勿只使用保湿眼霜和质地厚重的抗皱眼霜，那样会让水肿加重。如果是冬天眼周很干，或者干性皮肤美眉眼周很多皱纹的话，可以在啫喱眼霜之后再涂抹一层保湿或者抗皱的眼霜。水肿特别厉害的美眉，睡觉前保湿抗皱眼霜可以只涂抹下眼睑，不涂上眼睑。不过也要记住，如果冬天下眼睑的保湿做得不够的话，是很容易长细纹的。所以寒冷季节在眼啫喱之后，至少还是要在下眼睑涂抹上质地丰润些的眼霜的。但是下眼睑擦的眼霜量不要太多，如果量太多、质地过于厚重，还有引发眼部脂肪粒的危险。如果已经形成眼部脂肪粒，就要降低眼霜的滋润度，对于脂肪粒，自己不要处理，很容易弄伤眼部，可以去专业的美容医院找专家处理。

练习手法

眼部按摩对于各种眼部问题都有帮助，它可以促进血液循环，改善黑眼圈；可以加速水分代谢，消除水肿，预防眼袋；如果你有眼部细纹、皱纹、鱼尾纹，用抗皱眼霜配合手指的按摩，手指的温度和力度能起到类似电熨斗的作用，让抗皱成分更有效地渗透，帮你把皱纹熨平。

眼部按摩应该用力道最最轻柔的无名指，先涂抹上眼部护理产品作为润滑剂，然后用无名指沿眼周画圈，由内眼角沿上眼睑至外眼角，再沿下眼睑至内眼角。手指指腹在肌肤表面轻轻滑动，不要拉扯眼部肌肤。按摩过程中，如果眼霜干了的话，应该及时补充产品，否则就会拉扯眼部肌肤了。打圈按摩之后，用无名指按照刚才的方向点按眼周，最后搓热双手掌，敷在眼睛上可以缓解眼睛疲劳。按摩之后你可以明显地看到黑眼圈淡化了，水肿减轻，眼睛更加有神。

做“森女”不容易

有机护肤品这两年非常流行，我们对于有机和环保的追求绝对是件好事。这不仅造福于自己也造福于全人类呀。我们先来看看使用有机植物护肤品到底有哪些好处呢?

其一，对皮肤有益。护肤品中所用的润滑剂是来自提炼石油的衍生物，长期接触，会阻塞毛孔，令肤质变差。防腐剂、人造香料与人造色素也都会导致皮肤过敏。天然植物成分护肤品对皮肤更加温和，不刺激，吸收度也更加出色。

其二，对健康有益。当我们使用护肤品时，4~6成会被肌肤所吸收，再经由循环进入血液系统。使用天然植物成分护肤品能免除化学成分对人体可能造成的伤害，是更健康的选择。

其三，对环境有益。不含动物衍生成分，不做动物测试。原料是植物，包装是由可回收材料制成，减少对环境的污染。所以护肤的同时也对保护生态环境作出一份贡献。

选择有机护肤品可不是一件容易的事情，真正能做到有机并不容易，到底什么是有机？天然的植物就是有机的吗？当然不是！自然≠有机，真正“有机”的标准非常高：

使用的植物性原料尽可能来自控管性有机栽种；
原料和产品不用做动物测试；
放弃人工合成色素、香料、硅酮、石蜡和其他石油产品。

以天然或特定之天然相同物质作为防腐用，也就是允许在实验室重造与天然相同之物质。属于这些的有苯甲酸（Benzoic Acid）和水杨酸（Salicylic Acid），山梨酸（Sorbic Acid），苯甲醇（Benzyl Alcohol）。这些产品的外包装上必须标示“含防腐剂……”及其物质名称；

放弃基因改造之植物和动物原料；

放弃辐射照射法进行原料和产品之消毒杀菌。

目前，市场上的“有机”认证，从核准成分的方式来衡量品牌的可信度，保护消费者利益。下面介绍一些值得信赖的欧美认证机构，购买时请认准这些“有机标签”，就能保证你购买的是纯正的有机植物护理品了。

USDA——美国农业部有机认证

这是全球最严格的有机法规之一，隶属联邦政府，负责检测所有农场及野生农作物的生产标准以及处理有机认证的申请，而个人护理产品的有机认证则纯属自愿性质。

ECOCERT——欧洲私营认证机构

这是一个为全球超过80个国家提供有机及天然个人护理产品的认证机构。

Soil Association——英国土壤协会

英国有机认证的领导机构，不受官方监管。要获得其认证，产品必须含 95%或以上的有机认证成分(不包括水)，同时只含有该协会认可的非有机成分及加工助剂。

ACO——澳大利亚有机认证权威组织

拥有近乎苛刻的产品质量标准和生产商监控，以确保经有机认证的芳香疗法产品拥有稳定的质量。ACO也在世界范围内严格控制芳香疗法产品疗效的一致性。

BDIH——德国认证机构

生产商在产品上印有BDIH即表示使用的原材料，如植物油、油脂、蜡、草本萃取物、精油和香薰材料，全是得到有机认证或是来自野生植物，另外，在挑选原材料方面，不影响自然生态环境的运作。

有研究报告指出，有机产品成分的活性的确比非有机产品高，如有机番茄中的茄红素，抗氧化活性就比普通栽种番茄要高出10倍之多。而通过有机法耕作越久的土壤所含营养成分越多，收成的作物活性相对也较高，不过在有机标准规范之下，让有机保养品多半有着质地厚重、保鲜期短的缺憾。因此，在使用有机产品的时候一定要小心不要过期，并在开封后尽快用完。

附录：天然植物、有机护肤品牌介绍

Aveda（艾凡达）

Aveda于1978年，由环保积极分子Horst M.Rechelbacher先生在美国创办。品牌成立之际，走“纯植物”路线，严肃地排斥所有化学物质，提出“身上用的应该与吃的一样安全健康”，奠定了日后“植物”、“有机”护肤的基础。1997年开始，在“天然植物”基础上，开发100%有机护肤美发系列。环保回收包装，显朴实巧思，开启业界先河。

Care by Stella McCartney（斯特拉）

“披头士”成员Sir. Paul的女儿，英国时装设计师Stella McCartney因致力于保护环境、保护动物，坚持不用动物皮毛为面料，是业界出名的有机素食者，她于2007年创办Care。100%原产地植物原料，其中有2款为100%真正纯有机配方，每项有机成分均获得ECOCERT有机认证。整套系列十分简单，只有清洁(滋润、清爽各一款)、润肤(滋润、清爽各一款)、化妆水，相对分得较细的是精华(3款)。美中不足的是日霜不含防晒成分。

Jurlique（茱莉寇）

由德国生化博士及自然疗法学家Dr. Jurgen Klein与园艺植物学家的妻子Ulrike Klein共同创办的Jurlique诞生于1983年。夫妇俩明白“不可能制造出纯天然的护肤品”，所以决定从纯天然原料的栽培开始，在澳洲南部阿德莱德开辟私家有机种植园，生产纯正天然的健康保养品。玫瑰护手霜和玫瑰衡肤花卉水是十分受欢迎的王牌产品。

Juice Beauty（果漾美人）

对美国有机品牌Juice Beauty创办人Karen Behnke与Melissa Jochim两位女士来说，“有机”是健康生活的一部分。两人酷爱有机果汁，对其抗氧化、排毒、清体的效果深信不疑，并相信“水果里有肌肤最需要的养分”，Juice Beauty成分中含有丰富的苹果、石榴、柠檬、白葡萄萃取精华，有机成分认证达到95%，保存期约为3个月。Juice Beauty不但用环保包装，甚至连包装上所用的印刷油墨都提炼自大豆。是少数将善待环境的有机理念完美贯彻的品牌，售价也十分合理。

The Organic Pharmacy（欧嘉霓）

简称TOP，创办人Margo Marrone是一位英国天然疗法的专业药剂师。1998年怀孕时找遍市场，没有她要的“有机天然护肤品”，从而自己研发。2002年在伦敦开起了一间小铺，如今在全球拥有分店、专柜，更是好莱坞明星最爱用的有机护肤品牌。香港Harvey Nichols专柜，出售最受欢迎的50款产品。近期开创了“有机护肤美容院”。

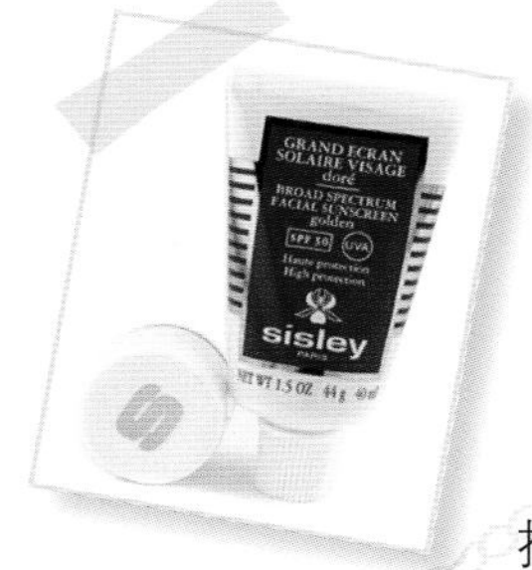

SISLEY（希思黎）

1976年，SISLEY由来自法国的Hubert d’ Ornano（修伯特·多纳诺）伯爵夫妇所创立，迄今已发展成为高端护肤品领域的经典奢侈品牌。为了保证每一件产品的卓越品质，SISLEY在产品原材料的选择上极致苛刻，首先选择最优秀的植物品种，在最适宜的地区栽种，在最恰当的季节收获，摘取最有效的植物部位。最后按照最为精确、科学的方法萃取植物精华与植物精油作为主要成分，从而保证所有产品始终如一的优异品质。

Yves Rocher（伊夫黎雪）

Yves Rocher的原料产地为法国西部的拉卡西里小镇。“让每位女性都能轻松享受植物科技护肤品，创造属于自己的美丽”是该品牌致力的宗旨。Yves Rocher先生在自家的小阁楼里，用提取自Lesser Celandine欧洲毛茛的天然精华研制出第一个产品。如今，得益于植物生物科技的飞速发展，运用到Yves Rocher系列产品中的活性植物成分已经达到了150种之多！

L’OCCITANE（欧舒丹）

L’OCCITANE植根于普罗旺斯高地，从地中海的生活艺术及普罗旺斯的传统技术中汲取灵感，为顾客研创健康、舒适的天然美容产品，带来呵护身心的愉悦享受。L’OCCITANE坚持以天然成分研制所有配方，面部护理产品尽量选用植物油而不用矿物油。避免使用硅氧烷、化学防晒成分或 paraben 防腐剂，并且提供获得 ECOCERT有机认证的有机配方。

Nature&Co（娜蔻）

2009年3月，将纯净有效的有机植物成分定义为美肌关键词的Nature&Co品牌，以纯粹美好的姿态在中国内地各KOSE专柜登场，在植物护肤的风潮中又添一笔耀眼的绿色。Nature&Co诞生在最先大力倡导LOHAS生活形态的亚洲国家——日本，产品精选的多种天然有机植物成分来源于大自然、严选限定产地的有机植物精华。植物的产地不太固定，但多来自美国、法国、墨西哥、瑞士和日本等经过有机认证的团体。以可循环材料所制成的产品瓶身虽然摈弃了过度包装，却依然具有柔和低调的珍藏感。

LUSH（露诗）

来自英国的美妆品牌，由Mark Constantine于1994年创办，品牌定位是走“天然特色”美妆，在LUSH店里你可以按照自己的喜好，现场切割各种类别的护肤保养品，称重计价，就如同买甜点一样有趣过瘾。LUSH产品宣扬新鲜、天然的护肤文化。LUSH从全球采集罕有、新鲜的有机水果、蔬菜、花草及上等香熏油等天然原料全人工制造。

THE BODY SHOP（美体小铺）

THE BODY SHOP是高质量面部肌肤及身体护理产品零售品牌，由Anita Roddick于1976年在英国成立。THE BODY SHOP零售业务遍布全球55个国家，商店数目超过2200间，全部不使用动物测试，并通过公平贸易购买天然原材料。

Caudalie（泰奥菲）

1993 年，Mathilde 与Bertrand Thomas 夫妇来到法国Chateau Smith Haut Lafitte 葡萄园，结识了Bordeaux University 的药学博士兼全球多酚抗氧化集团总裁Dr.Vercauteren。他们得知酿造葡萄酒后剩下的葡萄籽含有丰富的抗氧化元素，是上佳的护肤成分。三人一拍即合，在1994 年注册了“葡萄籽多酚” (grape-seed polyphenols)的稳定性技术。1995 年Caudalie 品牌诞生，并正式在Bordeaux University 的药学院成立了研究中心。Caudalie，一般被人称为“大葡萄”，因其名字带有“葡萄酒口齿留香度数”的含义。品牌围绕葡萄种植园的果、叶、籽、藤，最突出的当属“葡萄籽多酚”，亦是近年的抗氧化先锋。

Aesop（伊索）

Aesop品牌是由 Emeis Cosmetics Pty Ltd. 所研发之系列产品，总部设立于澳洲墨尔本， Emeis Cosmetics Pty Ltd. 是由 Mr. Dennis Paphitis于1987年所创立，为提供男女两性使用的健康美化肤质之产品，目前有超过30种独特的脸部、头部及身体的系列产品行销于各国。Aesop 产品的概念及研发来自于 Mr. Dennis Paphitis，他于15年前即率先使用以植物成分为主的产品提供皮肤、头皮及头发的治疗及平衡。

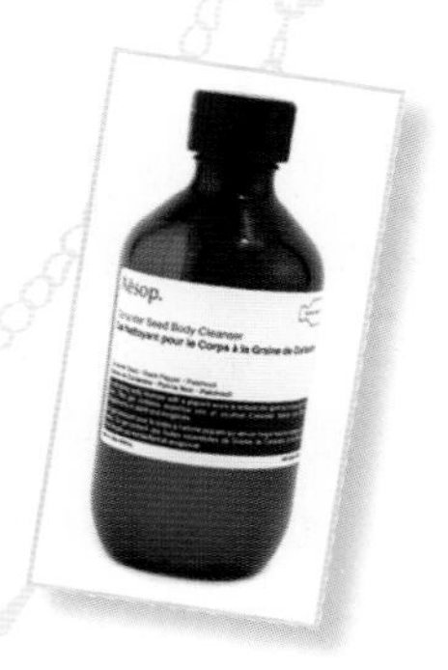

Origins（悦木之源）

Origins是隶属雅诗兰黛集团，由雅诗兰黛集团创始人雅诗兰黛夫人之孙、雅诗兰黛集团董事局主席William Lauder创立。Origins采用世界各地的天然材料——极具疗效的香薰精华油、芳香的植物、含丰富矿物的土壤、舒缓身心的海盐和强效的草药，再配合现代科学技术，研制了一系列兼具清洁、防护、滋养及修护的肌肤护理产品，让你得到最体贴的肌肤护理，同时轻易地解决恼人的肌肤问题。

HERBORIST（佰草集）

HERBORIST是上海家化联合股份有限公司于1998年推向市场的一个具有全新概念的品牌，是中国第一套具有完整意义的现代中草药中高档个人护理品。它以中草药添加剂为特色，秉承了中国美容经典的精髓，糅合中草药精华与现代生物科技的最新成果。自上市之日起，HERBORIST就以其独特的定位及销售方式在国内化妆品市场上独树一帜，并逐步建立了清新、自然、健康的品牌形象。

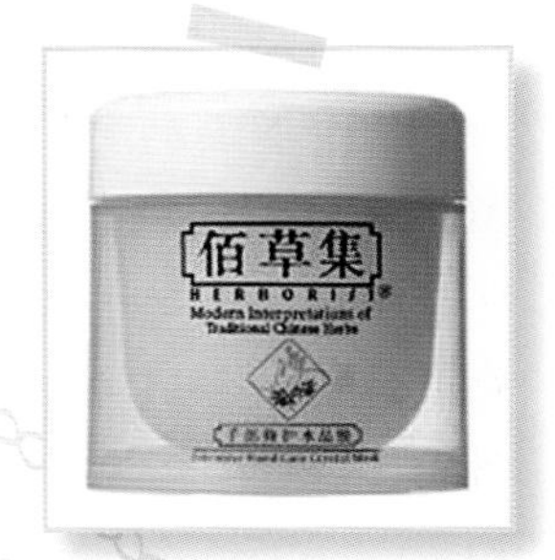

CAMENAE（家美乐）

源自一个追求精致生活的家族——le jardin des lavandes，le jardin des lavandes始终致力于把普罗旺斯阳光和丰饶植物的“自然力量”传播到世界各地。拥有30多年的植物有机种植和芳香精油萃取经验，为享誉全球的数十家护肤品和香氛产品制造商提供芳香精油原料，确保其优质出品。20世纪末,le jardin des lavandes开始寻求全球发展的机会，随着中国经济的发展，le jardin des lavandes将投资方向锁定中国，在中国设立普罗旺斯之外的首个境外生产基地，并展开远东市场的业务拓展。在中国，更推出了具有划时代意义的“精油添加型护肤”品牌——CAMENAE。

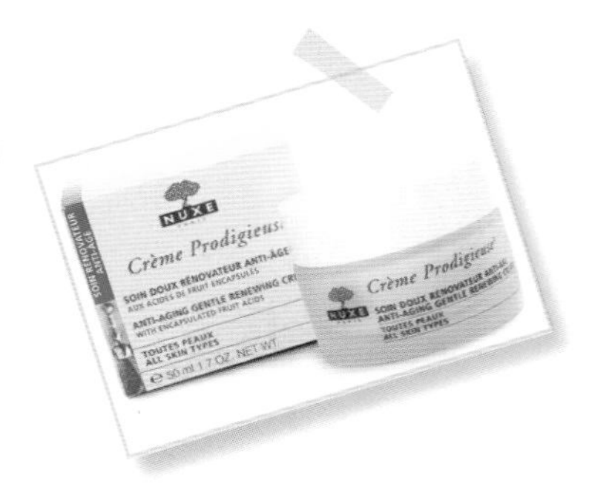

NUXE（欧树）

1957年，巴黎的一位药剂师兼芳香和植物疗法专家创立了NUXE美容品牌。NUXE推崇天然美学，40多年来，以独创的精神及坚持优选成分，成为近年来才兴起的“回归自然”风尚的先驱。1990年，崇尚植物与芳香疗法的法国女企业家Aliza Jabes收购该品牌，大加推广，更促使NUXE成为天然美学的领导品牌。NUXE结合现代科技和植物及芳香精油的能量，创造出蕴涵丰富天然活性成分的温和护肤产品。细腻柔滑的质地，精美近乎可口，唤起灵感的愉悦香氛，引领身心舒畅。

NYR（康富利）

NYR是Neal's Yard Remedies的缩写。英国Neal's Yard Remedies是由Romy Fraser在1981年创立于伦敦的一家主营精油品牌护肤品的公司，也是英国第一家通过权威机构认证的销售有机精油类产品的公司。它拥有自己的有机植物种植农场，有效控制其产品中植物成分的稳定性与质量。Neal's Yard Remedies除了贩售传统的精油纯露外，还包括天然草药、顺势疗法等产品。

过度护肤与肌断食

做什么事情都要适度适量，吃不好会营养不良，好东西吃多了又会不消化；喝水太少身体皮肤都会缺水，喝水太多又会给肾脏造成负担，甚至导致水肿；缺乏运动身体不会健康，而运动过量会怎样？看看运动员们一身的伤病就知道了。护肤也是一样的，不保养是不行的，10年后看到爱臭美的好友，你一定会后悔。而过度护肤，也同样会让你后悔的。天天去角质，会导致皮肤变薄过敏；每天做滋润面膜，用过度滋养的奢华面霜，会引发痘痘和粉刺。所以想要臭美，自己一定要把握好“度”和“量”。

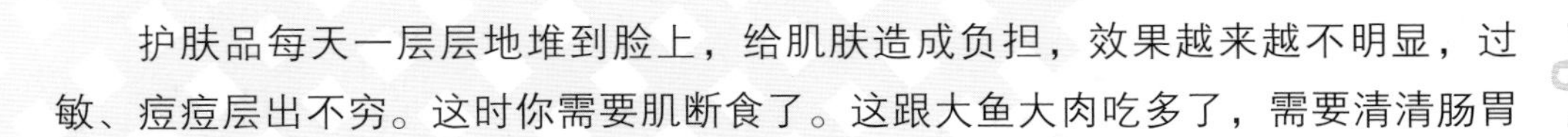

护肤品每天一层层地堆到脸上，给肌肤造成负担，效果越来越不明显，过敏、痘痘层出不穷。这时你需要肌断食了。这跟大鱼大肉吃多了，需要清清肠胃是一个道理。让肌肤休息一下，恢复了自我修护功能，状态正常之后再用高功能护肤品，效果才会更加明显。

肌断食可以定期做，在这期间只用清洁、补水的产品，所有高功能护肤品都要停掉。如美白、抗皱、去痘产品。精华素也要停掉，除非是补水、修护、舒缓类的精华。深层清洁的产品也不必用，早上甚至可以只

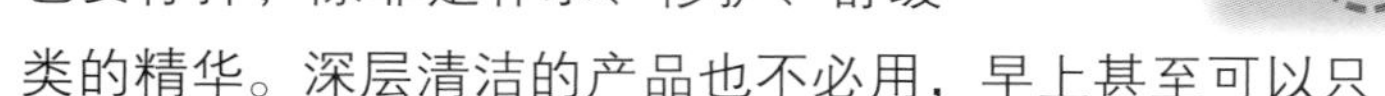

用清水洗脸。过几天你会发现，停掉那些高档护肤品，皮肤状态反倒还不错，肌肤的自身修护能力恢复了。这时再开始恢复之前的护肤程序，开始使用你的高功能产品，你会发现护肤效果更加明显了。

护肤品的混搭

不同品牌的护肤品能不能混搭在一起用？如果你问护肤品厂商或者专柜服务员，他们会告诉你不行，让你最好是购买全套的产品，这样效果才会更好。他这个答案至少有一半是出于为销售考虑的。其实我给你举个例子，这就像是去餐馆吃饭。每天我们换不同的餐馆，但其实吃的食材不就是那么几样吗，餐馆不同但是用的食材都是大同小异，味道不同但是营养成分也很相似。所以不同品牌的护肤品其实配方和配料来源都不会差别太大，只是加入了不同的香料，放在不同的瓶子里，贴上了不同的标签。所以你喜欢用A家的洁面膏+B家的爽肤水+C家的面霜，没有什么不可以的。但是混搭也有危险，不过那不是不同品牌混搭造成的危

险，而是成分冲突造成的。

曾经有个同事跟我说："我是油性皮肤，又长痘，但是我这几天脸都起皮了。怎么回事呀？"

我了解了一下她目前的护肤程序，是这样的：先用治疗痘痘的产品，然后还用美白的产品。

问题就是她过度去角质了，且忽略了保湿。虽然她觉得自己根本就没有做去角质功课。但她用的祛痘产品和美白类产品都具备去角质功能。我们在使用产品护理肌肤的时候，一定要搞清楚成分以及这些成分所具备的功效。补水功能的成分可以反复叠加没啥问题，而去角质功能的成分多次叠加就非常的危险了。去角质和补水保湿叠加才是最佳搭档，做完清洁面膜，可再敷个补水面膜。老旧角质去除了，补水效果会更加出色。做完去角质功课，后续也要使用补水保湿效果好的面霜。如果只去角质，补水保湿做得又不够，也会出现起皮现象。所以，护肤品的混搭一定要小心成分的冲突。即使是一个牌子的产品，如果你搭配得不对，也会对肌肤造成伤害。

如何根据生产批号计算出护肤品的生产日期

在国外或者中国香港地区购买的化妆品都没有标明中文的生产日期，如果我们不会识别生产日期，先不说能不能购买到最新生产的化妆品，就算我们使用到过期了，也没法及时发现。

进口化妆品的生产日期其实就包含在它的生产批号中。下面就各品牌的生产批号予以说明，希望能对大家有所帮助：

1 L’OREAL（欧莱雅）集团属下品牌：HR（赫莲娜）、LANCOME（兰蔻）、BIOTHERM（碧欧泉）。

由于同属一家公司旗下品牌，生产批号的标注方法是一样的。

其生产批号是六码，前两位代表产地，第三位英文字母代表制造的年份，后三位数表示月和日。例如：LANCOME的 4OE302，40代表法国，E是2008年，3是月份，2是日。以此类推，E=2008年，F=2009年。

2 ESTEE LAUDER（雅诗兰黛）集团属下品牌：ESTEE LAUDER（雅诗兰黛）、CLINIQUE（倩碧）。

大部分都是三码批号：XYZ。X表示产地；Y表示月份；Z表示年份。月份表示方法为：1、2、3、4、5、6、7、8、9 、A、B、C共12个月。例如：雅诗兰黛的K68，即是2008年6月制造。

3 CLARINS（娇韵诗）

生产批号格式，例如：903129，第一个数字为年份，9代表2009年 。次两位数为月份03就是3月。

4 Borghese（贝佳斯）

生产批号是六码。第一位英文字母是生产年限，第二位是月份，例如：RKRMJC，R代表2005年，K代表11月，其他可忽略，所以是2005年11月生产的。以此类推，R=2005年，S=2006年，T=2007年，U=2008年，V=2009年。

5 CD（迪奥）

生产批号一般是四码。第一码表示年份，例如：6D01表示2006年，8D01则表示2008年。第二码表示月份，A、B、C……M表示1、2、3……12月（其中英文字母“I”因为和阿拉伯数字的“1”很像，怕会混淆，所以跳过），例如：7L01表示2007年11月生产。

6 Elizabeth Arden（雅顿）

生产批号一般是三码，第一个字母表示年份，最后一个字母表示月份（月份由1、2……9、A、B、C分别表示1、2……9、10、11、12月），例如：8D9表示2008年9月，9DA表示2009年10月。

最后说一句，化妆品如果过期了，一定不要吝啬，及时扔掉。有些护肤品还标明了开盖后的使用期限，有的是12个月，有的是24个月。也就是说有些产品还没有使用到超过保质期就已经不能用了。大家一定要注意！

第四章

从头到脚、从里到外都要美

第四章 从头到脚、从里到外都要美

美丽从一头秀发开始

头皮与头发护理不可“一视同仁”

日常我们洗发主要是针对头发的护理，买洗发水也是按照头发的类型购买（中性、干性、油性），其实头发护理和头皮护理不应该混淆的，有很多女性朋友都是油性头皮+干性头发。如果这时你用针对干性头发的洗发水，就会让头皮更加油腻，头皮出油是导致脱发的罪魁祸首，日常也会影响美观，造成头发扁塌、不蓬松。其实洗发多半是针对头皮的护理，而护发才是针对头发的护理。你不要期待洗发水能令头发多柔顺、顺滑，那应该是护发素做的事情哦。如果你是油性头皮，就应该选择清洁力强的控油洗发水，洗完之后头发很可能纠结在一起，不用担心，擦上针对干性头发的滋润护发素就好了。另外需要注意的就是，护发素不要涂到头皮上，

要从发根一寸以下的头发开始涂，一直涂抹到发梢。护发素太滋润，涂抹到头皮上，会导致头皮过度油腻，为脱发留下隐患。

有些更加专业的头发护理产品会根据头皮和头发两个维度来细分洗发水的类型，头皮和头发统统照顾到，比如针对油性头皮和干性头发的，用过之后头皮很清爽，但头发也不会太涩。

如何为干枯发质做好伪装

相信很多人都会为自己干枯分叉的受损发质而烦恼吧，爱臭美的人一年会烫发、染发好几次。我之前一直是每年烫一次、染一次。我头发长得比较慢，又很喜欢长发。即使发尾已经干枯受损了，也总是舍不得剪太多。

那时候，我的发质搞得真的很差。发梢部分干燥、枯黄、毛糙。洗完头发，即使用了护发素，头发看上去还是惨不忍睹。这时，可以使用对毛鳞片有修护作用的免洗护发精华，洗完头发擦干后，涂上少许，注意，一定避开发根，因为这种产品太油腻了，要离发根远一点儿，否则会感觉头发白洗了。当你涂抹在干枯毛糙的发梢部位后，马上受损头发就变得服帖、顺滑有光泽了。

那段时间我很怕到外面洗头发，因为洗完吹干，没经过毛鳞片修护精华的伪装，真实发质暴露无遗，真是太丢人了。不过这两年，我已经不再染发了，并且保持1年之内不烫发，每次烫发都要间隔1年半至2年。受损的头发全部都剪掉了。目前发质很好，很久没用免洗护发精华了。哈哈！

这类发质伪装产品虽然好用，但也是治标不治本。如果头发已经受损，只能是剪掉，才能有健康的发质。靠这些护发产品，想把受损发质修护成健康发质，纯属天方夜谭。

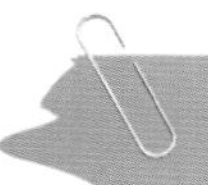

不可忽视的手部护理

手部护理的第一个要点：“少洗手”！

估计大家看了之后都会惊讶！其实“少洗手”并不是让你“不洗手”，并不是让你脏着。而是让你尽量保持手部干净，尽量少用手部清洁剂（洗手液、香皂等）。因为清洁剂里的碱性物质会伤害皮肤的皮脂膜，降低皮肤抵抗力，引发皮肤粗糙、干燥和敏感。清洁剂也包括洁洁灵、洗发水、沐浴液等。

所以，你在做家务的时候，无论是擦地、擦桌子、干脏活儿、洗碗、洗菜……任何接触尘土、油腻等必须要湿手清洁的时候就戴上塑胶手套吧！你还可以在戴上手套之前在手上擦点护手霜，让“毁手行为”彻底变成一次“护手行动”！当然手套不要戴太长时间，半小时左右就要让手透透气了。干完脏活直接戴着手套洗手，把洗手液涂抹在手套上，如常规洗手一样搓洗，手套就可以洗干净了。最后，注意手套两面都要晾干。

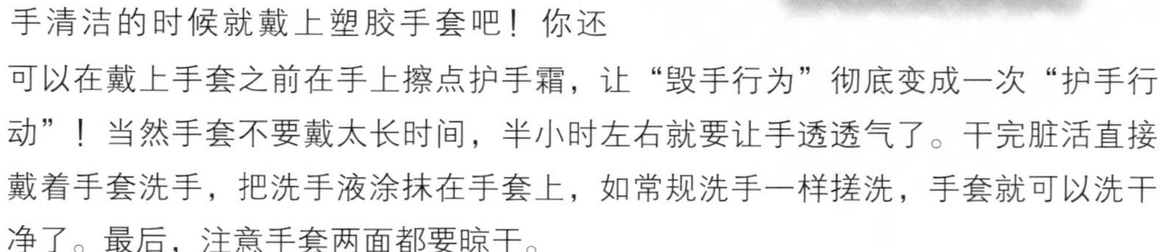

除了干活时尽量少洗手，少接触清洁剂之外。平时在外面逛街或者上班时，也尽量不接触清洁剂，手不太脏的时候就用清水洗手，不要用洗手液。比如逛街，你用了洗手液洗完，还是会接触不干净的东西，所以除非吃饭前用洗手液，平时就用清水洗手吧（用清水洗手的次数可以多些！）。当然，回到家的第一件事就是用洗手液洗手啦，消灭在外面沾上的细菌和污物。

手部护理的第二个要点：多用手套！

前面已经说了，干活的时候要戴上橡胶手套。如果出去郊游，也可以戴上个薄手套，既可以防污又可以保护手部肌肤，还有防晒的效果。

骑车、开车时可以戴上长长的黑手套。紫外线是加速手部衰老，让手部长满色斑的罪魁祸首。而黑色织物是防紫外线效果最好的。

平时还可以多用用手部护理的专用手套，有时间可以在晚上涂完护手霜，戴上护理手套10~20分钟加强效果。

手部护理的第三个要点：勤用护手霜！

擦护手霜不在于你买多贵的产品，而在于你擦得勤不勤。就算你买了lamer的护手霜，如果你只是睡前擦一次，也不会有你随时带着平价护手霜，随时擦，效果来得好。无论是什么牌子的护手霜，甚至你用护体霜，或者什么乳液都行。但切记一点就是，每次洗完手都要擦！用清洁剂洗手之后要擦，用清水洗手之后也要擦。

擦护手霜的次数=洗手的次数！

别让脖子泄露了你的年龄

颈部在日常护理中很容易被忽略，但其实它跟手部一样，是很容易泄露你年龄的重要部位。颈部肌肤比脸部肌肤还薄，在护理时更要仔细呵护，清洁、去角质与滋润皆不可少。颈部护理，就是日常脸部护理的延伸，每次护理脸部都别忘记顺手照顾一下颈部。洗脸时顺势将洗面乳延伸至颈部，以“打圈方式、由下而上”轻柔按摩。擦完化妆水，将多余的轻拍在颈部。如果嫌麻烦，就不必单独购买颈部护理乳液，大可用擦脸剩下的乳霜擦在脖子上。涂抹时用双手交替从锁骨提拉到下巴，再配合做简单的淋巴按摩效果会更好，在经过淋巴线的腋下和肩膀、脖子处轻轻按压，这样可以促进血液和淋巴循环。

颈部虽然不像鼻子、颧骨等部位那么容易被正午的紫外线灼伤，但是日出日落时分的紫外线A强度还是很高的，这时阳光的照射角度就会让颈部完全失去地理位置的优势。如果不给颈部做防晒处理，不仅容易使颈部比脸黑一截，更容易造成松弛老化等现象。如果你是短发，或者把头发高高盘起了，那就还要注意别遗忘了颈部后方，这样整体看起来才会美观。

改掉平时只用一只手或者手托下巴坐着等坏习惯，那么颈部、肩部的曲线完全可以变得更流畅。不要长时间保持略微低头的姿势看书或者看电视，适当扬起下巴。

只要白花花的银子，不要白花花的脚丫

我亲眼见过一个模特，模特呀！人长得漂亮，身材也够惹火，但是低头看一下她的脚，白花花的是什么？不是银子，是死皮呀！这不应该出现在20多岁的美女身上吧，如果你40多岁这样，咱也就不说啥了。

如果你想成为美女，那一定得照顾好自己的双脚，千万别因为脚而毁坏整体形象。脚后跟和大小脚趾是最容易生死皮的地方，在洗脚或者洗澡时先浸泡双脚，等死皮软化后再用专用的去死皮工具磨掉死皮，注意最好不要用金属材质或者天然石头的，因为脚部肌肤比较细嫩，很容易磨伤磨破。可以选择那种有点儿像塑料材质的人造浮石。也可以选择脚部的去角质磨砂膏，但是磨砂膏通常不如人造浮石好用。脚后跟严重皲裂的人，去除角质后应该在脚上涂满脚霜，穿着袜子睡觉。

从头到脚
都要美！

手肘部位跟脚后跟一样容易生死皮，在洗澡时要留出时间来护理肘部，把手臂弯起来，让肘部褶皱彻底舒展开再做去角质，然后涂抹上滋润乳液。

不做美猴王

腋下是很容易让美女们尴尬的部位，一不小心露出毛毛或者流汗、有异味儿都很不雅哦。脱毛和使用止汗产品是必做功课。心情紧张会导致腋下分泌更多汗液，所以要避免尴尬，在重要场合一定要保持放松的心态。

腋下脱毛有很多方式，根据不同的情况和需求，你可以选择适合你的方法：

脱毛膏

适用人群：毛发细软者

毛发细软，很容易将腋下毛发去除，在家中使用脱毛膏即可。只需将脱毛膏均匀涂在要脱毛的部位，5～10分钟后，毛发变软，用刮板将其刮净即可。这种方法对毛囊没有任何破坏，所以持续时间不长，大概3天左右毛发就会再长出来。

电动剃毛器

适用人群：毛发较重者

剃毛器的原理与男士剃须相同，只是将皮肤表面的毛发去除。完全没有疼痛感，但在腋下皮肤的表面存在一层黑色的小胡碴很不雅观。重新长出来的速度也非常的快，如果要保持好的效果，夏天每日都需要使用一次剃毛器。需要注意的一点是，如果你还使用止汗香体露的话，千万别在剃毛之后用，因为剃毛往往会留下细小的伤口，这时再用止汗露，那些化学成分就会渗透进伤口内，不仅会感觉很刺痛，而且久而久之身体吸收的毒素就会越积越多。你可以在剃毛之前用止汗露，之后晾干，再擦些爽身粉作为剃毛的润滑剂，这样剃起来就非常容易了，既干净又不会受伤。

电动脱毛器

适用人群：毛发适中，希望延长脱毛周期者

与剃毛器不同的是，脱毛器刀头具有拔毛的作用，可将当时生长的毛发连根拔除，虽然隔几天也会再长出来，但是长出的汗毛要细软许多，脱毛周期也会延长。不过电动拔毛的过程中会产生疼痛，怕痛与皮肤敏感者要小心哦。

终极手段——激光脱毛

适用人群：希望一劳永逸者

激光脱毛是利用激光破坏毛囊组织，从而使毛发失去再生能力同时又不损伤周边组织的一种永久性去毛方法。脱毛时会有微微的疼痛感，但如果你毛发很重，疼痛感便会加强。一般需要治疗3~4次，毛发便可彻底消失。有些人可能隔年还会长出来一些，不过也是越来越少，越来越细软了，继续再做几次激光脱毛就可以了。

在治疗的过程中虽然比较痛，但还是可以忍受的，医生会用冰袋帮你冰敷，减轻疼痛感。做这类高科技美容的项目，最好去大型的正规医院找医生去做，比美容院更加有保障，而且应该比美容院的价格还便宜些。做完之后，腋下肌肤也变好了，更白更细腻了。其实光子嫩肤的原理最早就来源于激光脱毛。激光产生的热能能刺激胶原蛋白增生，所以脱毛之后，腋下的肌肤也会跟着变好。激光脱毛之后，汗腺不会受损，还是会出汗的。

小白牙有用吗

牙线和漱口水这些在西方已经是必备日用品了，在中国，老百姓可并不买账。中国人日常用牙线和漱口水的人还是少数，大家都认为只要有个牙刷就够了。其实这三样东西都是不可替代的，各有各的用处。口腔护理包括两部分：牙齿护理和牙龈护理。最常见的口腔问题就是蛀牙、牙齿敏感、牙龈出血。

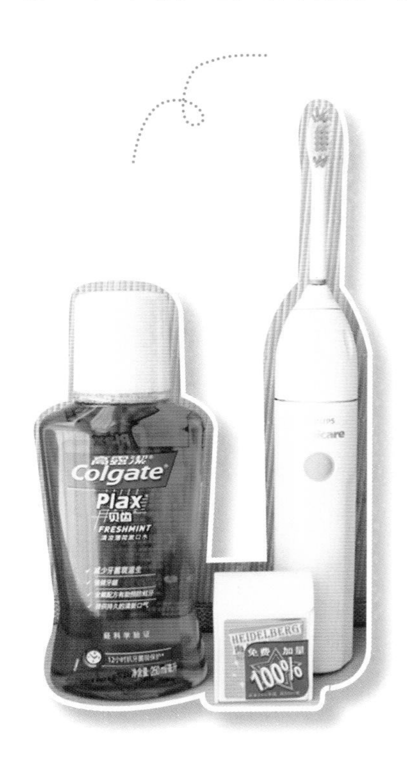

针对蛀牙

日常的防蛀牙膏不能少，在刷牙时，可以将牙膏先涂抹在牙齿表面，先不要刷。等一两分钟之后，让牙膏中的有效成分充分渗透之后再刷牙。如果条件允许，每次吃完饭或者零食的时候，最好漱一下口，可以用漱口水，也可以用茶水或者清水，漱口水毕竟是化学用品，用太多也不好，茶水更加天然。不要每次吃完都去刷次牙，这对牙齿本身也是一种磨损。物极必反呀！

针对牙齿敏感

就跟护肤一样，首先要放弃美白护理！美白是最刺激的！敏感的牙齿，一定不要用美白牙膏。防蛀或者是专用的抗敏牙膏都可以。如果你在吃很酸的东西之前最好为了防止吃完牙痛，可以先作个小准备，这样就会很好地缓解之后的疼痛了。在吃之前5分钟内，先用抗敏牙膏或者防蛀牙膏涂抹在牙齿上3分钟后漱口，不用刷牙。漱口之后就可以去吃了，这就像在牙齿上做了一层保护膜，再吃酸的，就不会那么刺激了。

针对牙龈出血

牙龈可绝对是非常重要的，很多人会忽视牙龈的护理。而牙龈如果出了问题，牙齿就像花草离开了土壤，肯定好不了。随着年龄的增长，牙龈会不断萎缩，你可以看到自己牙龈的高度一年比一年下降。牙齿露出的面积会一年比一年大。等到牙龈彻底没了，牙齿也就该掉了！我们要尽量延缓牙龈萎缩的速度，在刷牙时，牙刷是绝对不能伤害到牙龈的，一定要轻柔。我有个朋友刷牙非常使劲、卖力。自己把牙龈几乎都刷没了，牙根都能看到，实在是太无知了！

为了保持牙龈不发炎出血，就要让牙龈干净。通常刷完牙之后，很多牙缝里的脏东西是刷不出来的。这时就要靠牙线了。牙线比牙签清理牙缝更加干净，而且伤害也小。当然使用时也要根据个人情况而定，如果牙缝很小很紧，牙线无法进去，就不要使劲硬弄进去，以免把牙缝越弄越大。只要在你容易塞牙的地方用就行了。也可以定期给牙龈做个大扫除。比如每周1次，用牙线清理整个牙龈，再用漱口水漱口。

如果牙龈已经开始出血了，有时并不是漱口水和消炎牙膏或者几片华素片能解决的。很可能是牙石引起的，应该去洗牙了。基本应该1~2年去洗一次牙，这对牙齿、牙龈的健康很重要。

记住牙齿护理的终极目标也是“抗衰老”，也就是防止牙齿过早地掉落，而不是“美白牙齿”。所以防蛀、防敏和护理牙龈是最重要的，等你几十岁时，你只会在乎牙齿还有没有，而不是白不白。

减肥的前提是健康

我是超级超级的爱臭美，但是如果健康和美丽只能让我选择一个的话，我选择健康。为什么呢？因为健康是美丽的基础！健康是美丽的前提！没有了健康，美丽根本无从谈起。任何为了美丽而伤害健康的事情，我是绝对不会做的。例如：为了减肥过度节食，为了显瘦冬天冻着。

首先我个人并不是很提倡减肥，减肥会损害健康。我觉得我们追求的目标应该是在个人自身条件的基础上，尽量保持匀称、紧致的身体曲线即可。所以我觉得运动是最重要的，是优化体形的最有效方法。但是无论我怎么劝周围的人，还是有无数的人前赴后继地投入到减肥热潮中来。没办法，就是有这么多人有减肥的需求和减肥的冲动，所以也只能是顺应民意了。不能劝大家不减肥，就只能帮助大家尽量健康地减肥吧。其实减肥没有捷径，只能靠控制食量和运动，而且要长期的坚持，你要是没有坚持的决心，那就别开始，否则只能是半途而废。

周围太多人说，我最近减肥，晚上只吃苹果或者番茄……

这样的食谱真的是太可怕了，虽然番茄是非常有营养的，苹果当然也不错。但是你如果一餐只靠水果、蔬菜来充饥的话，甭说你的胃口还算比较正常，就算我这个“小胃王”也会饿得头发昏呀。长此以往的结果就是，要么饿得受不了，然后放弃了减肥；要么就是饿出毛病来，胃痛、营养不良。

其实减肥食谱的关键就是控制量、提高质，每餐只吃七八分饱。而不是彻底抵制有任何热量和脂肪的食物。只吃水果、蔬菜，排斥所有主食、肉类、豆类、蛋类、奶类、甜食类。你一点儿热量都不要，能有劲儿撑过这一天吗?

所以，不要排斥任何种类的食物，减肥期间由于摄入食物量比较少，更需要足够的营养来维持身体功能，单一的食谱很容易造成营养不良。越是减肥越要吃有营养的食物，因为我们减少的是热量的摄入，而不是营养，选择营养丰富并且比较耐饥饿的食材才是健康减肥的关键和成功保障。

还有很多朋友非常排斥“油”，看到油就觉得会发胖，甚至恨不得每天三餐都是清水煮的饭菜，绝对不要一点儿“油”、这也是个问题，油可以减少摄入，但是不能一点儿不要。油是维生素E的主要来源，炒菜里的油、坚果里的油，都是为你皮肤提供抗氧化保护的最佳帮手。如果你滴“油”不沾，绝对会变老变丑的。如果减肥期间的食谱过于清淡，注意要额外补充些坚果。

对美容、健康、瘦身有益的几类食品：

豆制品

豆制品所含人体必需氨基酸与动物蛋白相似，同样也含有钙、磷、铁等人体需要的矿物质，含有维生素B_1、维生素B_2和纤维素。但豆制品中却不含胆固醇，适合肥胖、动脉硬化、高脂血症、高血压、冠心病等人群食用。大豆中的植物雌激素对美容美体有很大帮助，而且大豆可以很好地为你补充体力，弥补减肥造成的体力下降。

酸奶

酸奶是非常好的美容减肥食品，它不仅可以促进胃肠蠕动、解决便秘的问题，还可以帮助脂肪快速分解。研究认为，人体在摄取到足够钙质的时候，可以燃烧更多的脂肪，而酸奶可以帮助你解决减肥期间造成的钙质摄入不足的问题。

坚果（开心果、核桃、腰果、榛子、大杏仁……）

坚果含有较多的蛋白质、维生素E以及人体营养必需的不饱和脂肪酸，坚果的油分虽然大，但是属于优质的植物油，对身体有益无害。减肥的女性通常会遇到皮肤干燥、粗糙的问题，这是因为大幅度减少油脂摄入造成的，其实油脂分为优质和劣质两种，植物油和鱼油都是优质油，只要我们平时注意少摄入动物油脂和加工食品中所含的饱和脂肪酸就可以了。

水果、蔬菜

水果和蔬菜含有丰富的食物纤维，让人很容易有饱足感，纤维不但无法被肠道消化，还会吸附多余脂肪一起排出。还富含多种维生素和矿物质，皮肤不会因为减肥而变干燥。

菌类（蘑菇、木耳等）

菌类含有大量无机质、维生素及蛋白质等成分，作为减肥食品的最优秀之处，在于它含有高于所有植物的纤维素，可以预防便秘，这一点对瘦小腹很重要。菌类能降低血液中胆固醇的含量，属于低热量食品，几乎没什么热量，不用担心食用过量的问题。菌类有解毒作用，帮助各种有害物质排出体外，使体态轻盈苗条。菌类还含有抗肿瘤活性物质，能增强机体免疫力，经常食用可以防癌抗癌。

海藻类

海藻类的食物中含大量的维生素及矿物质，尤其是碘、钙、镁、铁、钾、钠等，对于重视健康美，尤其是对于想甩掉身上的赘肉及改善下半身曲线的女性朋友们，多多益善喔！海带含有大量的碘，这种矿物质有助于身体内甲状腺功能的提升，对于热量消耗及身体的新陈代谢相当有帮助，能达到减重及控制体重的目的。除了碘以外，钾也是对于消除身体赘肉很有帮助的矿物质。

绿茶

绿茶具有很好的抗氧化和镇静作用，可减轻疲劳。绿茶中含有维生素C及类黄酮，其中的类黄酮能增强维生素C的抗氧化功效，这种类黄酮也是珍贵营养品，所以它对维持皮肤美白有很强的效果。绿茶粉可以用来做面膜，清洁皮肤、补水控油、淡化痘印、促进皮肤损伤恢复；也可以加入优酸乳、酸奶或苹果汁吃，对便秘、瘦身美体、减肥有改善或促进作用。

蜂蜜

蜂蜜含葡萄糖、果糖和各种维生素、矿物质、氨基酸，营养非常丰富。蜂蜜可以促使胃酸正常分泌，增强肠蠕动，治疗便秘。蜂蜜是最理想的护肤品，它能供给皮肤养分让皮肤具有弹性，能杀灭或抑制附着在皮肤表面的细菌，还能消除皮肤的色素沉着，促进上皮组织再生。

巧克力

巧克力含丰富抗氧化剂——黄酮类物质，对延缓衰老有一定功效。吃巧克力有利于控制胆固醇的含量，保持毛细血管的弹性，具有防治心血管疾病的作用。巧克力中含有的儿茶酸与茶中的含量一样多，儿茶酸能增强免疫力，预防癌症，干扰肿瘤的供血。巧克力含有丰富的碳水化合物、脂肪、蛋白质和各类矿物质，人体对其吸收消化的速度很快，因而它被专家们称之为“助产大力士”，产妇在临产前如果适当吃些巧克力，可以得到足够的力量促使子宫口尽快开大，顺利分娩，对母婴都是十分有益的。

最后注意，就算是减肥食品，你如果一火车一火车地吃也不会瘦下来的，一定要控制总量，但不控制种类，当然这里说的都是健康的种类，不健康的当然不要。

口服保养品吃还是不吃

口服保养品吃还是不吃，不能一概而论，应该按照个人实际情况来看。一般来说最好的方法是食疗，通过各种各样的食物来补充身体皮肤所需的各种营养元素。

各种水果、蔬菜、豆制品、乳制品、蛋类、肉类、坚果、菌类、海产品、五谷杂粮等都含有丰富的营养元素，对身体和皮肤有着非常好的作用。不能偏食，吃得越杂，越健康、越美丽。

如果你的饮食足够健康，那就可以什么保养品都不吃了，但是，要想真的面面俱到，样样都吃，对于都市人来说比较难。如果你是每天靠方便面和快餐充饥的忙碌上班族，每天连一个水果也没机会吃的话。那你可以补充些口服保养品。比如胶原蛋白、各种维生素、综合维生素补充剂、葡萄籽精华、月见草油、蜂王浆、雪蛤、蜂胶、花粉、燕窝等。口服保养品层出不穷。但是服用的话也有一个极限，不要为了漂亮什么都吃。同时服用口服保养品最多不要超过3种，其实很多保养品的功效都是重复的。比如花粉其实就是含有了多种维生素和矿物质，服用花粉就不用再服用综合维生素补充剂了。葡萄籽精华主打抗氧化，和维生素E的功效也大同小异。

另外，服用维生素也可以根据身体的需求来服用，身体、皮肤出现了缺乏某种维生素的状况时，再补充这种维生素，这样就比较安全了。比如嘴角破了再补充维生素B_2，感冒了再补充维生素C，起痘痘、皮肤干燥粗糙了再补充维生素A。不要长期大剂量地服用一种单一的维生素，以防引发中毒反应。如果你饮食不健康，但又不知道该补点什么好，可以吃点综合维生素补充剂，这样的话，每种维生素和矿物质补充得比较全面，每种元素的含量也不会太高，降低了服用过量的可能性。

最后需要小心的就是一些动物类成分的保养品比如蜂王浆、雪蛤这类产品含有动物雌激素，上了岁数的女性服用不会出现太多问题，但是年轻女性服用的话，如果雌性荷尔蒙补充过量，很容易得妇科肿瘤甚至癌症（子宫和乳腺的疾病）。现代社会患有子宫肌瘤这种病的女性太多了，如果你已经长了，那就一点儿都不能再吃这种补品了。一定要小心！

肠子漂亮，人才漂亮

肠道是人体的第二大脑，决定身心健康的关键，现代社会，人们越来越差的生存环境和生活习惯导致便秘越来越常见，而便秘绝对不是小事，它会给你带来很多不良影响。长期便秘，有害物质再吸收入血液，导致皮肤粗糙、无光泽，形成痤疮、色素沉着，最终形成色斑。宿便残留在肠道经发酵会制造出许多有害物质，造成身体血液酸化形成酸性体质，进而损害身体的器官组织，免疫力也会逐渐下降，间接加快人体老化的速度。别以为痔疮是男性的专利，便秘时排便用力屏气，直肠颈压力增高，久而久之就会形成痔疮，并伴有严重的出血现象。女性本来就因为月经而容易贫血，如果再有痔疮，那可是雪上加霜了。

粪便主要是由食物消化后剩余的残渣构成的，所以通过饮食调节来防治便秘是简单易行的方法。首先要注意饮食的量，只有足够的量，才足以刺激肠蠕动，使粪便正常通行和排出体外，特别是早饭要吃饱。足量饮水，使肠道得到充足的水分可利于肠内容物的通过。饮食中必须有适量的纤维素和益生菌才能保证肠道的正常蠕动。另外，含脂肪多的食品，如核桃仁、花生米、芝麻、菜子油、花生油等，它们也都有良好的通便作用。推荐对治疗便秘很有帮助的几种食物：香蕉、红薯、蜂蜜、酸奶、开心果。平时可以多吃一些，帮你养成健康的排便习惯。

对上班族来说，便秘不算陌生，我们常会因一时的生活改变或压力而出现排便异常。正常的生活作息与身体的新陈代谢有密切关联。要坚持早睡早起，才不会造成肠道功能紊乱、功能失调。身心压力及精神疲劳是万病的根源，精神压力太大会造成生理及心理不平衡，例如一紧张就会肚子抽痛，甚至出现便秘，使肠道菌群失调导致体质酸化。只有调整好心情才能有效维护肠道的优质环境。

每天适当规律地运动，可有效防治便秘。当然，能增强体能及肌力的快走、慢跑、游泳、登山等有氧运动是便秘患者的最佳选择；但如果实在没时间，或者条件不允许，多走路或做些简单体操也有助于刺激肠胃蠕动。腹部按摩也可以增进肠道功能运作，使血液循环更顺畅，有效帮助消化，达到润肠通便的效果。按摩最好在睡前进行，有助隔天早上排便。腹部按摩完毕，记得要喝一杯温水，帮助排出累积在肠内的食物废渣。

保持瑜伽心态

当人在心情愉悦轻松的情绪下，肌肤的自然修复能力远远高于心情沮丧低落时。这个说法出自一个烧伤临床康复案例，当烧伤者在治疗过程中全程聆听放松精神的音乐，其肌肤的修复能力比同样病例要强许多。而又一项调查显示，现代都市女性因环境污染、工作压力、社会责任等一系列原因导致情绪紧张的情况严重，因此，女性的肌肤修复能力都在逐渐衰退，衰老也逐渐提前。

不要小看情绪对我们的影响。一个人内在的思想和感情是非常强大的，它可以直接通过你的身体状况表现出来。它可以促进系统的平衡，也可以破坏它。那就是为什么在我们心情不好或者压力过大的那几天里，一觉睡醒就能发现满脸油光、痘痘暴发的原因。心情还不只是对肌肤有影响，长期的压抑还可能导致疾病，一些肿瘤和癌症的病发多多少少都跟心情有些关系。如果你已经得了乳腺增生和妇科肿瘤这类疾病，那就更不能郁闷了，这样只能会加重病情，保持好的心情，这是唯一的出路。

知道“不高兴”有多么可怕了吧？保持一颗年轻、快乐的心，才能变得更加美丽哦。首先要调整好自己的心态，任何不开心、不顺利的事情不要放在心上，只要你努力了，过程最重要，结果无所谓。去做你能改变的事情，努力把它做到最好；接受你不能改变的事情。运动可以帮助减压，练习瑜伽就更加合适了，舒缓的瑜伽音乐可以帮你带走一切烦恼。

除了运动，我们还可以靠食品来改善心情，让我们多吃一些快乐食品吧，保持快乐一整天！如果你感觉压抑可以吃些菠菜，菠菜含有丰富的镁和维生素C，能使人头脑和身体放松，减轻压力。如果反应慢、昏昏欲睡就选择鸡蛋，鸡蛋富含胆碱，有助于提高记忆力，使注意力更加集中，丰富的蛋白质可以令人轻松度过每一天。如果异常愤怒，就嗑瓜子好了，瓜子富含维生素B和镁，可以令你消除火气、血糖平稳，有助于你心情平静。如果你感到委屈、情绪低沉就吃香蕉，香蕉含有大量的色氨酸，细嚼慢咽地吃上一根香蕉有助于改善情绪。如果你焦虑、神经质就选择燕麦，燕麦富含维生素B，有助于平衡中枢神经系统，使你安静下来。麦片粥能缓慢释放能量，所以你不会因为血糖忽然升高而极度亢奋。注意酒精和咖啡并不能帮助你，反而会让你更加焦虑。酒精能刺激麻痹神经，但是过了开始的麻痹期后，神经系统反应会更加强烈，你会感到更加烦躁不安。咖啡中含有大量的咖啡因会过分刺激神经系统，令你感到神经过敏、焦虑不安。

最后记住，每天在护肤的时候，对着镜子说：“我是最漂亮的。”你真的会慢慢变漂亮哦，这是个真实的“魔咒”！

Avène
TRÈS HAUTE PROTECTION
VERY HIGH PROTECTION
50+
UVA
Perfectionist
[CP+]
repairwear
laser focus
PURE PERFECTION
SAMPAR
Voile Hydratant Léger
huiles essentielles & zinc
Barely There Moisture Fluid
essential oils & zinc
urban advance

第五章

做妈妈也要做“辣妈”

做妈妈也要做“辣妈”

孕期护肤品使用攻略

怀孕能用护肤品吗？这是所有孕妇和准备要孩子的美女们第一个想问的问题。怀孕当然能用护肤品，但是使用和选择护肤品还是要注意一些问题的。很多孕妇为了保险会选择有机类护肤品，但其实有机类的护肤品并不是百分之百安全，因为对于护肤品来说，孕妇最忌讳的就是两个成分，维生素A类成分和精油成分。维生素A类成分包括维生素A、维生素A酸、维生素A醛、维生素A醇等，长期大剂量摄入是有导致胎儿畸形的风险的。精油成分因为其渗透力超强，是有通过胎盘被胎儿吸收的风险存在的。虽然这两种成分是专家提出孕妇要小心使用的，有一定的致畸和其他风险，但其实目前也没有任何科研报告真的证实一定会出现什么样的影响。不过既然有这种说法，孕期还是尽量避免吧！比无机好，但是要避开精油那才安全，否则还不如无机。所以你在选择有机产品的时候，注意不要选择玫瑰、薰衣草、迷迭香等系列的，可以选择蜂蜜系列和果实系列的，如杏仁、乳木果、橄榄系列就比较温和安全了。

其实就算不用有机品牌的也没有关系，记住孕期护肤品的挑选和使用原则即可，那就是护肤品用得越少越好，护肤品的成分越简单越好。基于这两个原则，洗澡的时候没必要次次都使用沐浴液，沐浴液和洗发水什么的，也是能少用就少用。身体产品的使用面积比面部大多了，而且离胎儿更近，我们往往注意面部护肤品的使用问题，却忽略了身体用了多少化学产品。如果是夏天每天冲凉，就可以直接用温水，每周用一两次沐浴液即可。当然要是使用有机品牌的蜂蜜沐浴皂那就更好了。身体乳也是一个道理，夏天的话就别擦了，能少擦就少擦，能不擦就不擦。冬天的话太干还是要擦一些，可以选择安全的有机产品，最好是没有添加香料的。或者选择针对敏感肌肤的药妆品牌产品，虽然不是有机类的，但产品不添加香料甚至有的连防腐剂都不加，而且温和无刺激，对孕妇来说也是不错的选择。

保湿&防晒

面部护理的话，尽量停掉一切功能性强的护肤品，以保湿为主。美白、抗皱可以先等等了，目前只做好保湿和防晒即可。防晒功课还是要做的，我们可不想在怀孕期间让肌肤变老了吧？防晒可是抗衰老的第一步。可以选择药妆品牌的防晒产品，成分相对比较温和安全。

关于化妆品，孕妇的疑问就更多了，其实怀孕当然是尽量不要化妆了，能不化则不化。但是如果碰到特殊场合，偶尔化一次，也没有什么大碍。不过，就不要用唇膏唇彩之类的了，因为太容易吃下去了！香水什么的同精油、香精一个道理，尽量避免!

谁说怀孕就要变黄脸婆

爱臭美的准妈妈们，都很担心因为怀孕期间不能使用太多护肤品而让肌肤走了下坡路。其实并不用有这样的心理压力，虽然每个人的具体状况可能略有不同，但是孕期肌肤也就是会有几点变化罢了。

第一，是雌激素和孕激素上升带来的变化。其实，雌激素增加，肌肤是会变得更好的，但雌激素的上升会让肌肤油脂分泌变少，所以油性皮肤很受益，你会发现痘痘和粉刺变少了，甚至不见了。但干性皮肤就会觉得肌肤不如以前了，更加干燥粗糙。这时，干性皮肤的孕妇就要额外注意给肌肤多补充些油脂了，你完全可以用橄榄油来做面霜，既便宜又安全。

第二，孕期很容易色素沉着，有些人会长斑点。关于这个问题，我建议不要在孕期做任何处理，因为，美白产品既刺激又不会给你太大帮助。等宝宝出生，身体慢慢恢复之后，再观察治疗色斑问题。很有可能随着身体的恢复，色素沉着会有所改善的。哺乳期过后，你可以使用美白淡斑产品来集中护理，实在不行还可以尝试激光祛斑呢。

第三就是水肿。孕妇很容易

水肿，脸肿、脚肿、小腿肿，有的人甚至连手都会大上一圈。孕期脸颊和下巴会变得臃肿松弛，紧致小脸再也不见了，实在是太可怕了。孕期不要使用针对紧致和消除水肿的护肤产品了，你可以加强面部按摩来帮助肌肤排出多余水分，紧致肌肤。除此之外，还可以通过饮食来改善，红豆有利水的功效，同时还能补血，不仅适合平时保养来吃，也很适合孕期食用。怀孕期间，我每天都会用适量黄豆、红豆加上5枚红枣，用豆浆机打成糊糊来喝。

多活动也能帮助孕妇减轻水肿现象，不要长时间保持一个姿势，要不停地换姿势。也就是说坐一会儿就要站起来走走；走一会儿就要坐下歇歇；躺的时间长了就要翻个身；跷二郎腿一会儿就要换个腿；盘腿儿坐着左脚在上待一会儿就要换成右脚在上。总之，就是不停地“折腾”！这样才能让血液循环更加顺畅，预防和减轻水肿现象。

谁说怀孕就要变肥婆

虽然怀孕主要应该是以宝宝的健康为主，妈妈可以做出各种各样的牺牲。但是你要知道，把自己吃成个胖子，猛长20多千克，不但毁了自己的身材，容易长妊娠纹，产后身材也很难恢复，即使恢复，身上的皮也都松了。这不只是毁了自己，对宝宝的健康也没有任何帮助。胎儿在母体内就像是“寄生虫”，基本不容易缺乏营养，他缺少什么就会通过母体吸收的，所以只有孕妇会缺钙、贫血，妈妈缺钙的时候，胎儿都未必会缺钙。当然，如果你营养不良，瘦得跟非洲难民一样，那就另当别论了。

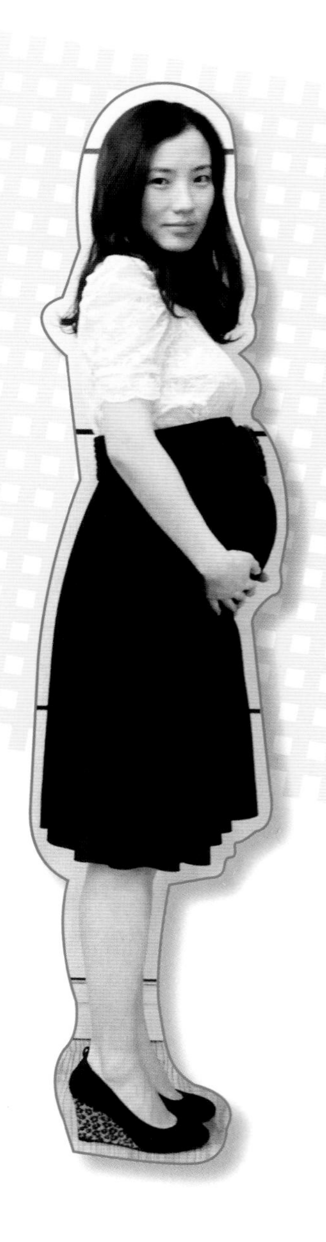

很多孕期长了20多千克的孕妇，生出来的孩子也只是3千克多，跟体重增长7千克的孕妇，孩子的体重不会差别很大。其实过多的脂肪都是长在了自己身上。当然也有吃出来4千克多的巨大儿，但这可不是你吃出来的功劳，4千克多就肯定难产，这并不是什么好事，其实宝宝的最佳体重是3~3.5千克。孕期摄取过多营养，体重增加过多，还有患上孕期高血压、孕期糖尿病的风险。也有孕妇长了20多千克，生下4千克多的宝宝，结果宝宝生下来就是低血糖的。

所以，孕期一定要控制体重，吃得要有营养，但不能毫无节制地猛吃。整个孕期长12.5千克左右，是最为适合的。这可不是为了妈妈臭美总结出来的，连专业妇产科的医生都是这么提倡的。

先来看一下整个孕期体重的标准增长情况：

1～3个月：不增反降的孕早期

吃不下东西也不必过分强求自己进食太多，孕早期，在保证营养齐全的前提下，体重增加幅度控制在2千克上下就足够了。重中之重：补叶酸，多吃含有丰富叶酸的绿叶蔬菜。

4～7个月：快速增长的孕中期

孕中期体重增长幅度应在7千克上下。重中之重：补钙，多吃豆腐和奶制品。

8个月到临盆：最后冲刺的孕后期

此时孕妈妈的体重增长应控制在每周250千克左右。重中之重：高蛋白饮食。

孕期饮食的核心原则：提高饮食质量，控制食量，少食多餐。注意补钙和补血。

下面分享我在怀孕期间的个人健康食谱：

9:00 早餐：

仅分享个人经验，不一定100%正确，不一定100%适合你，仅供参考而已！如果你吃不饱，千万不要让自己太饿了！ 根据个人食量可以有所增减。

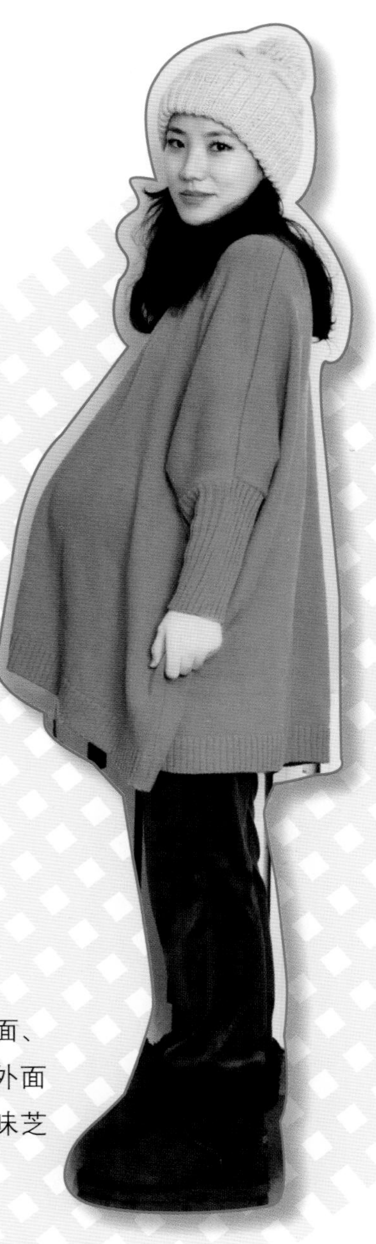

1杯蜂蜜柠檬水

1个老妈自制的煎饼（半勺绿豆面、半勺小米面、1个鸡蛋、少许黑芝麻），量很小，煎饼的个头跟外面买的一半那么大；或者是全麦面包1片加入1片原味芝士。

10:00 加餐：

6个车厘子（补血）

2小块黑巧克力（是2小块，可不是1整条哦）

11:00 加餐：

1个核桃

5个草莓（和其他水果换着吃）

12:00 午餐：

番茄汤加入1个鸡蛋、一点紫菜、少许面条（基本就是10根以内，胃口大的人可以稍微加一点儿量）

凉拌虾皮（补钙）或者是凉拌菠菜

14:00 加餐：

8颗开心果

8颗腰果

6颗栗子

16:00 加餐：

1根香蕉（预防孕妇便秘）

18:00 晚餐：

1碗粥［黄豆（补钙）、红小豆（补血、消水肿）、5枚红枣，用豆浆机打成米糊，基本是3个人的量，每人1碗］

肉类（猪肉、鱼肉、牛肉、羊肉都可以，每天必须要有肉吃，但是不能多

吃，以红烧肉为例，吃3~4块即可）

菌类（蘑菇炒油菜等）

绿叶蔬菜（油麦菜、空心菜、生菜、西兰花等每天换着吃）

其他种类蔬菜（莲藕、紫菜头、马铃薯、山药、胡萝卜、红薯、南瓜等每天换着吃）

20:00 加餐：
7~8小块水果（菠萝、苹果、火龙果等换着吃）

21:00 加餐：（睡前2~3小时内不吃东西，如果22:00睡觉，加餐时间要提前）
1杯酸奶（补钙、补充益生菌，预防孕妇便秘）

10颗葡萄干

这个食谱虽然有点像减肥食谱，但是我吃到最后，整个孕期一共长了15千克，都有点超标了。而且还生了个4千克重的大胖小子，哈哈哈。

除了要注意饮食，运动也是很重要的。无论是孕期保健、日常保养还是减肥塑身，都要从饮食和运动两方面着手！这两个方面缺一不可！

对于孕妇来说，运动不仅对自己的身材、健康有好处，对于宝宝也是有好处的，运动能让你保持肌肉的强度，让生产更加顺利，预防难产。每天适量地活动和晒太阳还能帮助补钙，预防孕妇和宝宝缺钙。

虽然咱不能像老外那样折腾，因为毕竟中国人和外国人的身体体制和思想观念都不同，我们还是保守点运动吧。不过，还是要动起来。不要像中国的传统孕妇一样，每天挺着大肚子很笨拙地移动移动，基本就是躺着、坐着休息养胎，那可不行。

我每天都会出去散步，在散步的时候注意迈的步子要大一些，一只脚滞空的时间要长一些，也就是有意识地收紧一下臀肌，每迈一步就收紧一下。孕期缺乏运动，这个动作可以帮助防止臀部下垂，增加大腿肌和臀肌的力量，对顺产有帮助。

还可以适当爬爬楼梯，也可以锻炼大腿和臀部的肌肉（切记，无论你住几楼，每次顶多爬到4层即可，不要过量）。

在散步时我会有意识地稍微用力甩动双臂，不要过度用力以免牵扯到胎儿，也是有意识地延长一下滞空时间即可，有意识地收紧一下手臂的肌肉，预防手臂肌肉的松弛。适当轻缓地做一做扩胸运动，强化胸肌，防止胸部下垂。

还有一种非常适合孕妇的运动，那就是游泳了，不过在中国，好像实施起来并不容易，一个是有没有很好的条件，一个是有没有这种魄力了。

最后注意：在怀孕前3个月，如果有先兆流产现象，避免活动，最好卧床休息。在怀孕后3个月，每次出去要有家人陪同，以免发生意外。

我就没有妊娠纹

预防妊娠纹，娇韵诗的调和身体护理油是必备产品，虽然闻上去很精油的味道，但是专柜小姐会给你解释道：这是纯天然的植物油，精油成分的添加非常非常少，而且是孕妇可以用的。毕竟那么多明星都用呢，咱就别跟它较真儿了。这个产品在怀孕3~4个月就可以开始用了，每天1次或者2次。在长胖的地方涂抹，然后打圈按摩。如果只长了肚子，就只擦肚子；如果连屁股和大腿都长肥了，那就一起擦。在涂抹肚皮的时候，以肚脐为中心画圆圈来按摩，圆圈由小到大直到覆盖整个肚皮，然后换手以相反的方向继续按摩。按摩的时候要特别注意下腹部和侧腰部，这两个部位是很容易长妊娠纹的。在这两个部位双手打圈再着重按摩一会儿。这个油一直用到生产前即可，一般的话，2~3瓶就够用了，别囤太多！生产完之后的妊娠纹修护，可以用斯佳唯婷的紧致修护霜来淡化。

如果你觉得娇韵诗的油太贵了，还有一种平价的解决方案，那就是：橄榄油！屈臣氏里买一瓶美容用的纯正橄榄油，像娇韵诗护理油一样的用法，每天擦在肚子上打圈按摩，也能起到同样的作用。另外，橄榄油还可以代替每天的护手霜、面霜，甚至是身体乳，全身涂抹都可以。既能预防妊娠纹，还能保湿滋润，而且还绝对的安全。

有机、无色无味儿、无刺激。

最后再强调一句：控制体重也能很好地预防妊娠纹哦！

孕期禁忌有哪些

孕妇禁忌：
烟酒、烫发、染发、咖啡、可乐

这些禁忌是要在怀孕前半年，至少是3个月就开始避免的！这些都是有可能导致胎儿畸形的！不只是你要注意，你的另一半也要避免这些禁忌。当然，如果是意外怀孕那就没办法了。不过既然知道的话，就能免则免吧！怀孕前3个月和怀孕后3个月是最重要的，3个月后胎儿基本成形，有没有畸形基本就是前3个月的事儿了！所以补充叶酸要提前3个月开始吃，吃到怀孕后3个月就可以停了。前3个月也要尽量避免电磁辐射什么的，尽量少用电脑少看电视少打电话！电器当中辐射最大的前3名是：微波炉、电视、加湿器！尽量避免使用！

关于旅行和坐飞机

怀孕3个月以内和7个月以上尽量不要坐飞机、不要旅行。4~6个月，是可以坐飞机和旅游的，当然不要过度劳累，最好能有家人陪伴照顾就更好了。不要自己提重物，如果实在没人陪伴，那就不要带太重的行李。不要往高处放东西，放行李时可以让空姐或者周围的绅士帮忙。飞机上辐射大，飞行过程中一定要穿防辐射衣。过安检的时候也不要脱掉防辐射衣，并且可以告诉工作人员你怀孕了，要求手检，不要用仪器！

谁都能有明星般的产后复出

整个孕期我长了15千克，刚生完宝宝掉了5千克左右，身上还剩下10千克肉肉。不到3个月就又掉了5千克。很多网友问我产后瘦身的秘诀是什么?

产后瘦身第一招：不乱吃，狂喂奶！

很多妈妈认为母乳喂养会毁了自己的身材，其实是大错特错了，母乳喂养不会让你变成肥婆，而且是产后恢复体形的好方法呢，能帮助你减肥。哺乳其实是一个大量消耗的过程，可以起到瘦身的作用，孕妇在生产前体内会积存约36千卡的热量，产后若不哺乳，热量就不能散发出去，更容易发胖。

我们周围有些妈妈确实有在哺乳期变胖的，但那其实不是哺乳造成的肥胖，而是补充了过多的营养，饮食无节制造成的。孕妇在产前积存的热量和脂肪就是为了哺乳作准备的，所以，在哺乳期就不要再大补特补了，保证正常健康的饮食，多喝汤水就够了。额外再过多补充蛋白质和脂肪是没有必要的。

另外，还有很多刚刚生完小孩的爱臭美妈妈因为急于恢复产前的苗条身材就一味节食，这样也是很有问题的。一方面盲目控制食量并不能有效减轻体重，另一方面还会导致母乳中的营养不足，对

婴儿的发育造成不良影响。正在哺乳期的女性一定要保证自己从食物中获得充足的营养，然后通过母乳喂养婴儿来达到产后减肥的目的。为了确保婴儿能够从母乳中吸收到足够的养分，母亲必须从食物中吸收多种营养。专家建议，哺乳期的女性应多吃水果和蔬菜，适当减少脂肪的摄入量，坚持饮用脱脂牛奶，尽量避免食用经过加工的奶酪，限制面包的摄入数量，还有就是应该保证至少每两天散步半个小时。

我在哺乳期的食量并不加大，还是保持原来的标准，只是额外多补充汤水。平时多喝白水，各种汤、粥。为了造奶，蛋白质和脂肪每天要保证有所摄入，不能一点儿都没有。但是只要有点就够了，别大吃特吃。产妇喂奶很容易缺钙，我每天早上一杯豆浆、白天一杯酸奶、晚上一杯牛奶来补充钙质，预防自己和宝宝缺钙。

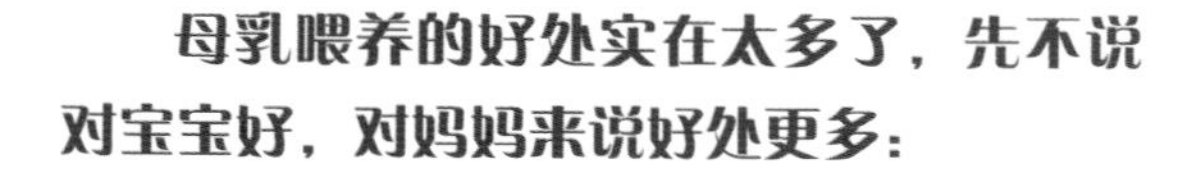

母乳喂养的好处实在太多了，先不说对宝宝好，对妈妈来说好处更多：

1. 宝宝出生之后尽早给宝宝哺乳，可以加速子宫的收缩，加快恶露的排出，有利于子宫的尽早恢复。

2. 哺乳可以减少母亲患乳腺癌的几率。

3. 即使是短时间的哺乳也可以降低妈妈在绝经期前患卵巢癌的几率。

4. 大量调查都表明哺乳时间越长患风湿性关节炎的几率就越小。

5. 对钙的有效吸收还可以预防骨质疏松

症。虽然吸收好了，但是宝宝也会消耗你大量的钙质，所以哺乳期一定要多补充钙质。

一项新的研究表明，母乳喂养的时间长短是影响妇女患乳腺癌发病几率的重要因素，甚至超过了遗传因素。这项研究发现，妇女如果对自己的每个孩子母乳喂养超过6个月以上，就可以使乳腺癌的患病率降低5%，即使她们有乳腺癌的家族病史。专家们说，这项发现有助于解释上个世纪发达国家乳腺癌发病率大幅上升的现象。在发达国家，过去的一百年间，哺乳方式有了很大变化，同时乳腺癌发病率也有了很大提高。

母乳喂养对宝宝的好处那就更多啦：

1 新生儿每次肚子饿一哭，就需要吃东西，因为他未成熟的身体是不适合等待的。而母乳可立即喂，配方奶却得“冲”。

2 母乳是和体温一样，这刚好适合于婴儿，但奶瓶里的奶便不一样了，温热到了某一种温度后却在喂食时又逐渐冷却了。

3 夜间喂母乳更方便，不需从冰箱拿牛奶、弄热再拿着喂孩子。

4 母奶是新鲜的，而牛奶是经过煮沸、保存、加工的，所以许多营养已被破坏，即使加了维生素，也加了我们了解有限的其他激素、酵素之类的物质。

5 母乳易于消化，而配方奶则不是。

6 喂母乳的婴儿是很少便秘的，即使两三天不大便，排出来的粪便也还是软的；吃配方奶的婴儿却常常有便秘之苦，且大便是硬的，非常痛苦。

7 喂母乳使婴儿肠内产生帮助消化的益生菌，而配方奶则产生较少的益生菌。

8 喂母乳的婴儿很少有消化不正常或吐奶等现象。

9 喂母乳的婴儿很少得皮肤病，他们很少有湿疹或尿布疹等现象。

10 喂母乳的婴儿很少有呼吸道的严重疾病，但喂配方奶的婴儿却常受此类疾病的侵袭，如支气管炎、肺炎等。

11 吸吮母乳的运动，可以使婴儿脸部线条完美，而吃奶瓶的婴儿长大以后牙齿、嘴形常有变形的烦恼。

12 喂母乳可帮助建立母爱，婴儿吸吮母乳可刺激激素等的分泌，增进感情。

产后应该及时让宝宝吮吸，这样可以帮助刺激分泌乳汁。前两三天没有奶不要太着急，也不要急于吃催奶的汤，否则可能会加重胀奶的痛苦哦。真理就是一个字“吸”，没有奶也让宝宝干吸，每次至少要吸20分钟，每天5次以上。基本上产后4天左右就会来奶了，开始肯定会很胀很痛，不太通的。这时的真理还是一个字“吸”，按摩和热敷、冷敷什么的都没有“吸”管用。坚持吸，7天左右，大部分人都会通了，硬块儿都会消掉了。等通了之后，这时就可以开始喝催奶的汤水了。

产后瘦身第二招：塑身衣+运动！

饮食控制好了，再加上喂奶，可以让你很快地恢复体重，但是恢复体形就要靠运动和塑身衣了。对于塑身衣的说法，中医和西医是截然不同的，中医推崇在产后就用纱布包裹肚子，可以给内脏一个承托力，帮助子宫复位，防止内脏下垂，还可以帮助恢复体形。而在欧美，医生会告诉你不要太早穿塑身衣，否则会造成腹压升高，影响子宫和内脏的复原和复位。先不管公说公有理婆说婆有理，反正我自己觉得还是自然点儿的方法比较保险，穿塑身衣不要太早，至少在月子里先别穿，给子宫一段自然放松的修复时间吧，等到修复得差不多了再开始塑形。

运动也不要太心急，在月子里还是不要做运动了，只要多活动就好了，运动和活动还是有区别的，多下床溜达溜达就已经足够了。等到出了月子，子宫复原得差不多了，就可以开始做一些简单的床上体操了，以帮助局部肌肉的恢复。这个时期主要针对臂部、臀部、腹部、大腿、胸部的肌肉进行训练。像跑步和瑜伽这类比较剧烈的全身运动要等到3个月以后再开始。一定不能偷懒，想恢复以前的紧致线条，全部都得靠运动了！

附录

我的不靠谱怀孕历程

不靠谱原因之一：我是子宫肌瘤患者

其实呢，子宫肌瘤是良性肿瘤，这东西并不可怕，对生活没有太大的影响。但是！如果你还没有小孩儿，并且还想要小孩儿，这个肌瘤就是个问题了！如果不存在怀孕问题的话，子宫肌瘤的治疗，基本是在它小的时候，不予以干涉，定期做妇科检查即可。等到它长大，并且影响你生活的时候（比如压迫内脏了，引起一系列的不适，或者瘤子恶变了），医生会建议你不切除瘤子，直接摘除子宫。因为子宫肌瘤基本是多发性的，切了还会长，不会停的！而且经常是很多个，数都数不过来，切也切不干净。

肌瘤每年都在不断地长大，如果想要孩子，最好的一种选择就是趁着肌瘤小的时候，带着瘤子怀孕。这是最佳选择了！瘤子2~3厘米以内，带瘤子怀孕，影响不会很大。基本没什么问题的，当然有些子宫肌瘤位置长得有问题也是会引起不孕症的。

但如果你没有趁着瘤子小的时候怀孕，等瘤子长大了，这就麻烦了。瘤子太大的话，带瘤子怀孕很危险。因为在孕期激素水平的上升，会刺激瘤子飞速发展，还有恶变的几率也会很大，如果在妊娠过程中瘤子变性，引起持续的炎症、发烧、剧痛的话，你的妊娠就只能终止了，这时就必须动手术去切除瘤子了！即使不恶变，肌瘤太大也会容易引发流产和早产，也有压迫胎儿，跟胎儿抢营养的问题！

如果不带瘤子怀孕，选择先做子宫肌瘤切除手术，以后再怀孕的话，这也有很大的隐患。因为肌瘤切除手术之后子宫需要2年来恢复，这2年之内是不能怀孕的，因为子宫没有长好，不能承受太大的压力。而新的子宫肌瘤很有可能在这2年之内又萌芽了，还不知道能长多大呢！并且肌瘤切除手术之后，子宫受损，有一定的几率是会引起不孕症的！唉……这可真不是什么好的选择！

我一直还不是很想生小孩儿，所以一直拖着。直到2010年，得子宫肌瘤才3年的时间，瘤子竟然已经长到了6厘米，6厘米再怀孕，瘤子就比较容易恶变了。这已经到达一个临界点了。我已经被这瘤子逼上“绝路”了，完全没有退路，所以决定搏一搏。因为如果再不生，恐怕我这一生都没有机会了……

不靠谱原因之二：我的黄体功能不全

黄体酮就是孕酮，也就是孕激素。孕激素水平低的话，怀孕之后会有先兆流产现象，因为胎儿无法在子宫内安全着陆。谁不怀孕，谁也不会知道自己孕激素水平低呀！

我才怀孕4周，就开始轻微出血了。还好因为比较警觉，已经知道怀孕了。去了门口的一家大型医院，结果是不是大医院的医生看到的重症患者太多了？完全对我没有任何想法，不检查不治疗，告诉我现在太早了，才4周，你回家吧，等过过再来。又过了2天，实在觉得不对劲儿，又去了家门口的一家中型医院。当天医生就给我开了孕酮的药丸，验血之后，发现孕激素水平极低，又开始打孕酮的针。

上网查了些资料，都说在出血的第1天就应该马上去医院打针，严重的话还得住院治疗。基本治疗7天左右，就会停止出血（现在医学上是不主张保胎的，因为流产是一种优胜劣汰的自然现象，流掉的胎儿多半是有问题才会有流产现象的。所以，盲目保胎有可能会把劣质的胎儿保存下来。但是！这个说法不适合先天黄体功能不全的人，这种流产现象不是胎儿有问题，是你的激素分泌有问题，胎儿无法在子宫内安全着陆）。

而我因为是前期被大医院的医生给耽误了几天，是出血快1周了才吃上药打上针的，结果整整半个多月出血才停止。网上的资料说，如果出血在2周之内基本不会造成胎儿损伤，而出血多于2周时间，胎儿有可能受损，建议之后及时做B超观察胎儿情况，如果没有胎心就及时流产。2周呀，这又是一个临界点！！！

这里想给大家借鉴参考的就是，先天黄体功能不全者，平时呢每次月经都是会提前的。我就真的是这样！如果你每次月经都会提前，等你怀孕前一定要测测孕激素水平，小心孕酮不足！如果不足，就应该先补充孕酮，再开始备孕。还有，如果你到该来月经的时候，发现有少量出血，比平时量少，比平时颜色深很多，这不一定是你真的来月经了；也不一定是你有些炎症和感染了；还有一种可能就是你已经怀孕了，并且孕激素不足，有先兆流产现象！所以如果你有这种情况一定要小心了，不要忽视。别当妇科炎症去治疗，先测测自己是否怀孕，然后去医院查激素水平。否则，耽误了时间，恐怕就没法挽回了。

怀孕9周的时候

我去做了第一次B超，有胎心！还好不是死胎，总算是活了。不过瘤子在2个月的时间内竟然长到了8厘米!!!

以前基本是一年长1~2厘米，现在2个月就长了2厘米！连医生都害怕，从医生嘴里就只能冒出一句话:“你的瘤子好大呀！”还说，我这样的就算坚持到最后，也很危险，自己生危险，剖腹产也危险。剖腹产同时切除这么大的瘤子很可能大出血！

以前对瘤子我是没有任何感觉的，摸也摸不到。这时我仰面平躺着，已经能用手摸到腹部的大肿块儿了，很恐怖。之后，瘤子的部位又开始偶尔会有丝丝拉拉的感觉了，有时会一抽一抽地丝丝疼痛，但还不算是真正的“疼”！真是害怕呀！照这样发展下去……我在网上查的资料，最大的带着瘤子怀孕成功的人，瘤子最后长到11厘米！世界上最小的早产儿是6个月大（外国的），而理论上7个月才能成活。我就盼着呀，坚持到6个月不出事儿，就算见到点曙光；坚持到7个月不出事儿，就算是看到光明了；8个月，就能凑合生了。我决定如果最后妊娠成功了，要去试试申请个吉尼斯世界纪录，搞不好我能破纪录呢，带瘤子怀孕成功的瘤子最大纪录！哈哈！

怀孕22周的时候

去做了第二次B超，检查胎儿是否有畸形。因为怀孕之前不小心烫了头发，而且平时成天被电脑及其他电器辐射，现在我们吃的食品又那么多的添加剂、化学成分，太恐怖了。再加上之前出血2周，好怕胎儿畸形。22周B超出来了，胎儿基本正常，我又过了一关。瘤子又长大了，9.4厘米了！你说我容易吗？

怀孕9个月的时候

子宫肌瘤为9.5厘米，没有再长大。医生们都很惊讶，这么大的瘤子还能怀孕成功，还能坚持到最后，还没有流产早产现象，哈哈哈！奇迹哦……

我的超级震撼顺产日记

我又创造奇迹了！！！

我，35岁的高龄产妇！

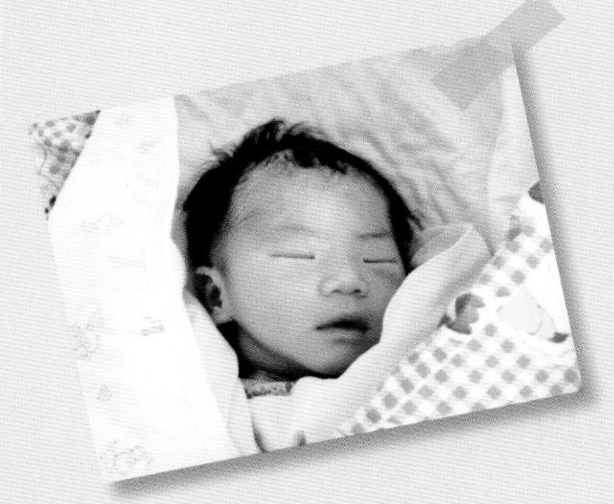

带着至少3个子宫肌瘤，最大的直径9.5厘米！

痛了将近4天4夜！

最终顺产了！

重达4千克的男宝宝！

你能相信吗？连我自己都不能相信……能创造这样的奇迹不是因为我是神仙姐姐，而是因为我遇到了魔鬼医生。

话说2011年4月9日预产期当天的凌晨，超级准时地开始规律性宫缩了，全家打好行囊奔赴医院。在急诊检查之后宫口已经开了指尖大小，随即办理了入院手续。过了一两个小时医生检查说开了一指，又过了不久，说开了一指半。

天亮之后做了B超，医生说胎儿很大，预估怎么也得3.5~4千克重，当时我的心就凉了一半，就算产妇是年轻的正常人，胎儿超过4千克，都很容易难产的！本来想试着顺产的，一直控制饮食想让宝宝的体重控制在3.5千克以内，结果竟然吃出来个4千克！！！无语了……

原来一直知道大医院顺产是有指标的，可是直到这次住院之后，才慢慢知道原来大医院的剖腹产也是有指标的。也就是说，除非你在顺产的过程中大人有生命危险，或者孩子有生命危险才会给你做剖腹产手术，否则，还会让你尽量地自己试着生。当然剖腹产的指标可能对一般人会稍微松一点儿，但是对于我这个带有9.5厘米子宫肌瘤的特殊患者来说(瘤子比孩子的头还大)，没有医生愿意给我做剖腹产手术。甭说在剖腹产的同时切除肌瘤了，就算不切肌瘤，只做剖腹产手术，医生都不愿意做。因为我的肌瘤长在子宫右前壁，正是开刀的线路。不好处理，容易大出血，大城市、大医院的医生都会给你最保守、最保险的治疗方案，没人愿意承担任何的风险。

其实，在网上也跟不止一个有类似情况的网友交流过，在一些小城市，带着子宫肌瘤做剖腹产手术并切除肌瘤的也屡见不鲜了，而且也有跟我的肌瘤大小不相上下的。但是在大城市、大医院就完全不同了……不知道是医生更加尊重患者的生命呢？还是更加尊重自己的职业生涯……

从入院的第一天开的一指半，就再也没有动静了。第一天夜里宫缩很规律，转天的白天就不那么规律了。我还可以下地溜达，为了促进生产。

到了第二天，开始见红了，白天和夜里的宫缩都很规律了，但是医生说宫缩的力度不够。第二天我行走已经比较困难了。每天夜里我都在待产室等待着宝宝出世，可是总是白痛了一夜，还是只开了一指半，眼睁睁地看着周围的人一个一个地被抬进了产房…… 2天没有睡觉了，夜里痛着怎么能睡得着呀？因为越来越痛，所以吃的也越来越少，实在吃不下去……这时我已经没有什么信心可以顺产了，就要求医生要剖腹产，被拒绝！！！

第三天，医生说先给我打一针哌替啶止痛，让我睡一觉好好休息一下，然后醒了上催产素。在哌替啶的帮助下我只睡了一个多小时。本来我的宫缩已经是很规律了，只是力度不够而已，再上了催产素，我痛得就已经受不了了，这一夜，我盼着宫口继续开，好歹给我点儿希望，我也能继续坚持下去呀。可是每次检查，还是开了一指半……我真的崩溃了……只有无尽的疼痛，一丁点儿希望也看不到了……简直就是：此恨绵绵无绝期呀……

据老公说："每次宫缩间隙的一两分钟，你基本就处于半昏迷状态，又困又累地闭一下眼睛，然后宫缩马上开始，你就立马睁大眼睛，跟打了鸡血一样……就这样循环往复……"

夜里2点，我叫来家人，我跟他们说：我真的坚持不住了，我要求剖腹产，明天早上就做手术，主治医生不给做就换医生，我现在开始不喝水也不吃东西，早上就做手术！求你们了！夜里4点，我痛得实在受不了，要求医生再给我打一针哌替啶，值班的医生把催产素给我拔了，给我打了针，可是这次药劲儿也没啥用了，几乎一会儿也没有睡着，只是2小时内减轻了些许疼痛而已。之后的我非常不理智地继续要求打哌替啶，我自己都知道医生不会再给我打了。结果在百般恳求之下，医生给我打了一针睡觉针，但是几乎没啥用。我死去活来地熬到了天亮，主治医生上班了！剖腹产的要求再次被驳回，全家人都跟医生急了，医生比我们还牛！就是不给剖！反正目前大人没有生命危险，小孩也没有生命危险。

第四天早上7点左右，医生给我人工破水了，羊水不是很好了，但是也不算很差。同时上了胎心监护，胎心一直很正常。主治医生来了之后又给我开始滴可怕的催产素，而且调到了最快的速度。我的宫缩几乎都没有间歇了！！！一个高潮接着一个高潮……痛死我算了……可是宫口依然是不见什么太大的变化，只开了3~4指。据医生估计，可能是因为子宫肌瘤的影响，使得宫缩不是很有效，虽然宫缩的频率和强度都够了，但是效果不明显。而且可能由于肌瘤阻碍的问题，胎头不下降，无法顶到宫口处。此时胎位已经不正了，变成了枕横位，我清楚地知道这个位置是生不出来的。医生还是不同意给我手术，还让我使劲，坐起来使劲，我根本已经坐不住了，4天没睡觉，好久没有吃东西了。我这个自认为是女中豪杰的人，在床上连闹再哀求："求求你们了，别再折磨我了！饶了我吧！我生不出来！我快要死掉了！给我手术给我手术……"此时的我已经彻底地绝望了！！！

崩溃了！！！家人在门外也很火儿，老公跟主治医生吵了起来：“她几天没睡觉没吃东西，还能有劲儿生吗？？？”可是依然拿医生没有办法……

医生试图用手来旋转胎头，来调整胎位。还有用手连推再拽，试图帮助宫口打开……这几乎跟“上刑”没有什么区别了，杀猪声、惨叫声连连不断……

死去活来的到了下午……依然进展不大，据说开了5~6指……我被推进了产房做最后的努力，因为产房里的产床位置会好些，可以帮助胎头下降。都不知道是第几瓶催产素了，依然是最快的速度滴着，医生让我使劲儿，我已经是拼了老命了……医生又把手伸进子宫帮助子宫口打开，并旋转胎头，试图调正胎位。我老公在产房外听到惨叫声，他说他想起了电影《风声》……

话说，我是一个对恐惧和疼痛忍耐程度很高的人，上学的时候右手大拇指被姥姥家院子里的铁门夹了一下，指甲都掉了。而当时的我，一滴眼泪没有掉，而且是用其余的4个手指紧紧地握着大拇指，根本就没把受伤的事情告诉姥姥、姥爷和舅舅们。虽然痛得好几夜没有睡着觉……

在坐过山车的时候，别人都是在大喊，而我是在大笑。蹦极的时候，虽然也觉得很恐怖，但是还有勇气自己跳下去，而不是被工作人员推下去，而且也不会大喊大叫……老公说我是诚心地忍着不叫，我说不是。其实我只是对疼痛和恐惧的忍耐程度比别人高些而已，还没有达到能让我大喊大叫的程度呢，老公表示不信。这次他终于相信了……终于听到我上演的《风声》了……

在产房里耗了几个小时我忘记了，医生的用刑确实起作用了，胎位正了。宫口好像最后也没有开全，不过在我声嘶力竭地努力、用力之后，大家看到了宝宝的头发了，有希望了……医生说，就照这样继续使劲儿、努力，我们很快就可以给你帮忙了！真的吗？真的吗？就这样就可以吗？我好像看到了希望，又有点儿不太相信……又经过了不知道几次努力，医生开始侧切了，准备了。再次努力、用力，宝宝好像出来了……真的出来了吗？真的吗？终于出来了……我听见医生们拍了孩子好多下儿，孩子终于哭了一声……这还不算完，医生在等胎盘脱落。我听到医生说：“你是不是保过胎，胎盘粘连出不来。”医生的手再次伸入我的子宫，去寻觅胎盘，惨叫声继续升级……胎盘出来了，好像不全，有残

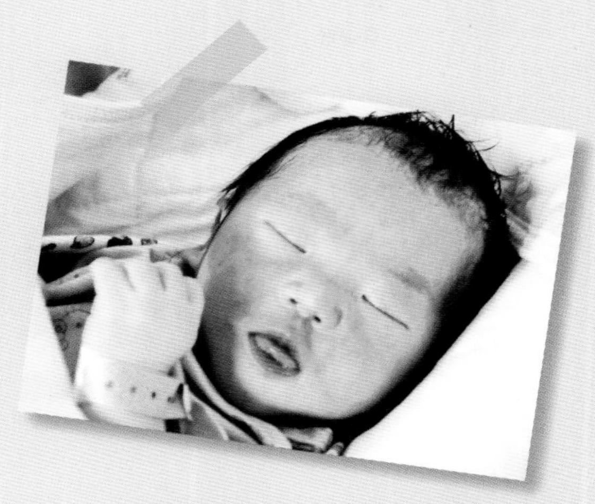

留。医生用手拿着一块儿纱布再次进入子宫内，试图把残留的胎盘黏膜擦出来，擦了一次拿出来没有找到，又进去了，这次找到了残留的一块儿胎盘黏膜……我的天哪，我在那个时刻也是不约而同地想到了电影《风声》……生孩子的痛好像我都没什么记忆，我记得的就是打催产素“此恨绵绵无绝期”的痛……医生的手进入子宫转胎头、寻觅胎盘、擦拭胎盘残留物的“用刑”的痛……

4月12日，下午16点38分，小乔终于落地了，重达4千克整！虽然过程很是艰辛，但终究有个好的结果。我没有在痛了4天4夜之后，被推进手术室剖腹产，并且子宫肌瘤也不会给我切除。那样真是倒了八辈子霉了。还好算是有个圆满的结局，也算是好人有好报了。

从产房推出来的那一刻，我太高兴了，跟护士调侃道：“我已经成为你们产科病房最熟悉的面孔了吧，所有护士、医生和患者都认识我了，哈哈哈……”转天早上，还有患者慕名而来，来参观我的。哈哈哈！ 估计以后谁再生不出来，医生都会拿我的例子来鼓励她们了。早上来查房医生跟我说：“我们医生没人觉得你能自己生出来的。”这句话太可恨了，你们明明知道没希望，还拿我在这里做实验呀！！！不过，算了。总之，是有个圆满的结局，感谢上帝！关于体内那至少3颗定时炸弹，等半年之后养好身体再观察再治疗吧。

其实对于我这种患子宫肌瘤，并且瘤子很大的人来说，顺产是最好的一种结果。但问题是，你能不能生得出来。子宫肌瘤会使宫缩乏力，会阻碍胎儿下降，如果再加上高龄和胎儿巨大（超过4千克的胎儿是很可能难产的），这样你就很难顺产，最惨的结果就是痛了好几天，最后剖了。所以跟我差不多情况的人，如果你的医生同意给你剖腹产并且切除肌瘤的话，你可以考虑直接就剖了。如果很想顺产的话，那就要做好心理准备，很可能努力到最后也生不出来，受两次罪。

不过，像我这样的都过来了。还有什么是不可能的吗？

图书在版编目（CIP）数据

这才是我要的美肌书：乔琳老师的无敌驻颜术 /乔琳著. —沈阳：辽宁科学技术出版社，2011.10

ISBN 978-7-5381-7117-4

Ⅰ. ① 这… Ⅱ. ① 乔… Ⅲ. ① 皮肤—护理—基本知识 Ⅳ. ① TS974.1

中国版本图书馆CIP数据核字（2011）第178798号

出版发行：辽宁科学技术出版社
（地址：沈阳市和平区十一纬路29号　邮编：110003）
印 刷 者：沈阳天择彩色广告印刷有限公司
经 销 者：各地新华书店
幅面尺寸：180mm × 205mm
印　　张：6
字　　数：150 千字
出版时间：2011 年 10 月第 1 版
印刷时间：2011 年 10 月第 1 次印刷
责任编辑：姜　璐　宋秋菊
封面设计：魔杰设计
版式设计：房文萃
责任校对：李　霞

书　　号：ISBN 978-7-5381-7117-4
定　　价：32.00元

投稿热线：024-23284367　1187962917@qq.com
广告投放QQ：542916521
广告投放E-mail：kikusong@hotmail.com
邮购热线：024-23284502
本书网址：www.lnkj.cn/uri.sh/7117